DEUTSCH

Rechtschreibung
5. und 6. Klasse
ISBN 978-3-411-05684-2

Rechtschreibung
7. und 8. Klasse
ISBN 978-3-411-05693-4

Grammatik
5. und 6. Klasse
ISBN 978-3-411-71372-1

Grammatik
7. und 8. Klasse
ISBN 978-3-411-71382-0

Diktattrainer
5. Klasse
Mit Audio-CD zum Üben
ISBN 978-3-411-71013-3

Diktattrainer
6. Klasse
Mit Audio-CD zum Üben
ISBN 978-3-411-71023-2

Diktattrainer
7. Klasse
Mit Audio-CD zum Üben
ISBN 978-3-411-71033-1

Diktattrainer
8. Klasse
Mit Audio-CD zum Üben
ISBN 978-3-411-71043-0

Aufsatz/Erzählen
5. bis 7. Klasse
ISBN 978-3-411-05823-5

Aufsatz/Bericht
5. bis 8. Klasse
ISBN 978-3-411-05733-7

Aufsatz/Inhaltsangabe
7. bis 10. Klasse
ISBN 978-3-411-05802-0

Aufsatz/Beschreibung
7. bis 10. Klasse
ISBN 978-3-411-05761-0

Aufsatz/Erörterung
7. bis 10. Klasse
ISBN 978-3-411-05742-9

ENGLISCH

Englisch 5. Klasse
ISBN 978-3-411-71282-3

Englisch 6. Klasse
ISBN 978-3-411-71292-2

Englisch 7. Klasse
ISBN 978-3-411-71302-8

Englisch 8. Klasse
ISBN 978-3-411-71311-0

Englisch 9. Klasse
ISBN 978-3-411-71321-9

Englisch 10. Klasse
ISBN 978-3-411-71331-8

FRANZÖSISCH

Französisch
7. Klasse
ISBN 978-3-411-70241-1

Französisch
8. Klasse
ISBN 978-3-411-70251-0

Französisch
9. und 10. Klasse
ISBN 978-3-411-70261-9

Duden Schülerhilfen

Chemie 8. bis 10. Klasse

Chemische Verfahren und Gesetze
richtig verstehen und anwenden

von Alfred Dörrenbächer

mit Illustrationen von Detlef Surrey

3., aktualisierte Auflage

Dudenverlag
Mannheim · Leipzig · Wien · Zürich

Bibliografische Information der Deutschen Nationalbibliothek
Die Deutsche Nationalbibliothek verzeichnet diese Publikation in der Deutschen Nationalbibliografie; detaillierte bibliografische Daten sind im Internet unter http://dnb.ddb.de abrufbar.

Redaktion: Annika Renker, Walter Greulich
Herstellung: Tobias Kaase
Satz: Sigrid Hecker, Mannheim
Umschlaggestaltung: Bender & Büwendt, Berlin
Umschlagabbildungen: Detlef Surrey
Druck und Bindung: Firmengruppe APPL, aprinta druck, Wemding
Printed in Germany
ISBN-13: 978-3-411-05933-1
ISBN-10: 3-411-05933-8

Liebe Schülerin, lieber Schüler!

„Chemie ist alles, was knallt und stinkt, aber selten nur gelingt", sicher wirst du diesen Satz schon gehört oder gesagt haben, wenn die Sprache auf die Chemie kam, die für viele Schüler ein eher ungeliebtes Unterrichtsfach ist. Warum eigentlich? Vielleicht, weil die Chemie zugegebenermaßen kein leicht zu erlernendes Fach ist.

„Was nutzt uns das Wissen in Chemie?", fragst du jetzt möglicherweise etwas genervt. Anders gefragt: Kennst du die Bedeutung der Chemie für den Menschen, also auch für dich persönlich?
Beginnen wir z.B. mit deinem Körper. Er besteht aus einer Vielzahl chemischer Verbindungen, und wie das Wort Stoffwechsel schon sagt, sind sämtliche Stoffwechselreaktionen in unserem Körper chemische Vorgänge, seien es die einzelnen Reaktionen des Verdauungsprozesses oder auch das Funktionieren des Nervensystems, des Hormonsystems, des Immunsystems usw. Fortpflanzung, Wachstum und Entwicklung lassen sich weitgehend auf chemischer Grundlage erklären, ebenso Verhaltensabläufe. Nicht umsonst sagt man „die Chemie stimmt", wenn zwei Menschen sich mögen.
Alles, was uns umgibt, besteht aus chemischen Verbindungen: die Natur, vom Menschen geschaffene Bauten und Gegenstände, wie z.B. dein Kugelschreiber, die Stereoanlage, Kosmetikprodukte, Medikamente, Waschmittel. Und wenn du z.B. Flecken aus Kleidung entfernst oder einen MP3-Player mit Batteriebetrieb benutzt, immer sind chemische Reaktionen zumindest eine wesentliche Grundlage dafür. Mache doch einmal eine Entdeckungsreise und versuche herauszufinden, wo konkret in deinem Leben Chemie überall eine Rolle spielt. Du wirst überrascht sein!

„Ja, aber … diese Hieroglyphen, wer soll das verstehen?"
Richtig erkannt: Der Chemiker hat eine eigene Sprache, die du auch erlernen kannst wie eine Fremdsprache, z.B. Französisch. Aber wenn du erst einmal Grundkenntnisse erworben hast, wirst du feststellen, welche Erleichterung und Vereinfachung diese besondere Sprache des Chemikers für das Erlernen und Verstehen der Chemie bedeutet. Und, … du kannst dir durch Aneignen guter Lernstrategien die Arbeit erleichtern.
Allgemein solltest du darauf achten, dass du beim Lernen Ruhe hast und möglichst durch nichts (auch nicht durch die Musik deiner Lieblingsgruppe) abgelenkt wirst. Wichtig ist, dass du Pausen machst, wenn du müde oder unkonzentriert bist. Tu in dieser Zeit etwas, was dir Spaß bereitet. Direkt nach einem ausgiebigen Mittag- oder Abendessen zu lernen, ist

auch nicht angesagt, denn „ein voller Bauch studiert nicht gern“. Sei sorgfältig bei der Führung deines Heftes, denn es ist wie ein Wegweiser durch den Chemieunterricht deines Lehrers. Versuche, dir beim Lernen Eselsbrücken zu bauen. Hilfreich ist es auch, den Stoff aus verschiedenen Blickwinkeln zu lernen, z.B. aus dem Chemiebuch, dem Heft, mithilfe eines Chemie-Experimentierkastens … und natürlich mithilfe dieser Duden-Schülerhilfe, die dich sozusagen als „Lerntrainer“ begleiten soll.
Mit der Duden-Schülerhilfe „Chemie 8. bis 10. Klasse“ bist du in der Lage, den gesamten Chemiestoff der 8. bis 10. Klasse (oder bei Bedarf auch nur einzelne Kapitel daraus) kurz und intensiv zu lernen oder zu wiederholen. Um dir das Lernen zu erleichtern, haben wir uns einiges einfallen lassen. Besonders gekennzeichnet sind:

Merksätze und wichtige Gesetze der Chemie →

Tipps →

Beispiele →

häufige Fehlerquellen →

Übungsaufgaben →

Bei den **Lösungshinweisen** wirst du vielleicht erst ein langes Gesicht machen, weil du nicht immer die Lösung gleich präsentiert bekommst, sondern zuerst einmal an das entsprechende Kapitel zurückverwiesen wirst; aber du wirst merken, dass du den Stoff dann besser behältst.
Witzige Karikaturen tragen dazu bei, dass das Lernen auch Spaß macht, denn das Wichtigste überhaupt ist eine positive innere Grundhaltung.
Wir wünschen dir jedenfalls, dass du alles „checkst“ und somit die „coole“ Seite der Chemie entdecken kannst.

Autor und Redaktion

1. So bekommst du den Überblick
Erklärung grundlegender Sachverhalte

1.1 Temperaturänderungen 9
1.2 Stoffgemische und Stofftrennungen 11
1.3 Lösungen 15
1.4 Stoffzersetzung 16
1.5 Der Strukturbegriff 17
1.6 Der Energiebegriff 28
1.7 Teilchenbegriff – Teilchenumgruppierung 38
1.8 Zahlen in der Chemie 42
- *Indexzahlen an Atomsymbolen*
- *Vorzahlen in chemischen Gleichungen*
- *Wertigkeiten*
- *Indexzahlen in Formeln*

1.9 Chemische Formeln – chemische Bindung 48
1.10 Chemische Reaktion – Reaktionsgleichungen 59
1.11 Trocknen – Trockenmittel 65
1.12 Quantitative Betrachtungen 66
- *Atommasse – Molekülmasse*
- *Das Mol – (k)ein Problem?*
- *Größen – Einheiten – Größengleichungen*
- *Massengesetze*

1.13 Wichtige Element- und Stoffklassen 76
1.14 Der Aufbau des Periodensystems 78

2. „Pauken" leicht gemacht
Tabellen und Übersichten zum Auswendiglernen

2.1 Die im Chemieunterricht verwendeten Geräte 80
2.2 Elementnamen und Elementsymbole 83
- *Gruppennamen und Elementsymbole*

2.3 Säuren und Salze 86
2.4 Hydroxide 89
2.5 Metall- und Nichtmetalloxide 90
2.6 Schwer lösliche Verbindungen 91
2.7 Nachweis von Stoffen 93
2.8 Indikatoren 94
2.9 Darstellung von Säuren 94
2.10 Darstellung von Gasen 96
2.11 Salzbildungsmethoden 99
2.12 Größen und Einheiten 100

3. Lösungshinweise zu den Übungsaufgaben 103

Periodensystem der Elemente 110

So bekommst du den Überblick

Erklärung grundlegender Sachverhalte

1.1 Temperaturänderungen

Alle chemischen Vorgänge sind mehr oder weniger temperaturabhängig.

Auf chemische Reaktionen lässt sich die sogenannte **RGT**(= **R**eaktions**g**eschwindigkeit-**T**emperatur)-**Regel** anwenden, die wie folgt lautet:

Bei den meisten chemischen Reaktionen bewirkt eine Temperaturerhöhung um jeweils 10 Grad Celsius annähernd eine Verdopplung der Reaktionsgeschwindigkeit.
Die Regel gilt nicht für alle Reaktionen und macht außerdem nur eine ungefähre Angabe.

Im Chemieunterricht wird häufig ein **Gasbrenner** (z. B. ein Bunsenbrenner) verwendet. Wird der Gasbrenner für kurze Zeit nicht benötigt, so verringert man die Gaszufuhr so weit, dass das Gerät nur mit einer kleinen Flamme, der sog. **Sparflamme,** brennt.
Soll eine Probe erwärmt oder erhitzt werden, so erhöht man die Gaszufuhr und erhält eine **leuchtende Flamme.** Bei zusätzlicher Steigerung der zugeführten Luftmenge (Sauerstoffmenge) wird eine **nicht leuchtende Flamme** erkennbar. Diese ist heißer als die leuchtende Flamme.

Welche Folgen können Temperaturänderungen haben?
Durch **leichtes** oder **vorsichtiges Erwärmen** kann man bestimmte Reaktionen in Gang bringen.

Bildung von Schwefelwasserstoffgas durch Reaktion von Eisensulfid mit verdünnter Salzsäure (vgl. Lerntabelle in Kap. 2.10)

Durch **starkes Erhitzen** kann man z. B. Wasser zum **Sieden bringen.** In bestimmten Fällen ist es erforderlich, einen Feststoff **bis zur Schmelze** zu **erhitzen,** etwa bei der Herstellung einer Legierung (vgl. Kapitel 1.7).

Will man beispielsweise ein Salz aus der entsprechenden Lösung zurückgewinnen, so **dampft man die Lösung ein,** d. h., man erhitzt sie so lange, bis das Lösemittel verdampft ist und das Salz als fester Stoff übrig bleibt.

Durch **Abkühlen(lassen)** z. B. von Wasserdampf geht in diesem Falle Wasser wieder in den flüssigen Zustand über, es **kondensiert.**
Manche Stoffe (z. B. Iod oder festes Kohlenstoffdioxid) gehen beim Erwärmen unmittelbar vom festen in den gasförmigen Zustand über, sie **sublimieren.** Der flüssige Zustand wird also übersprungen.
Der Vorgang, bei dem ein Stoff vom gasförmigen direkt in den festen Zustand übergeht, heißt, genau genommen, **Resublimieren (Resublimation).** Oft wird dieser Vorgang aber auch einfach als Sublimation bezeichnet. Manche chemischen Vorgänge kann man durch **Zünden** in Gang setzen, z. B. Explosionen.

A 1 Was besagt die RGT-Regel (genauer Wortlaut)?

A 2 Was versteht man unter der Sparflamme, der leuchtenden und der nicht leuchtenden Flamme eines Gasbrenners?
Unter welchen Bedingungen werden diese Flammentypen erzielt?

A 3 **a)** Wie kann man ein festes Salz aus seiner Lösung gewinnen? Gib hierzu den Fachausdruck für den entsprechenden Vorgang an!

b) Erkläre anhand eines Beispiels, was man unter Kondensieren versteht!

c) Was bedeuten die Begriffe Sublimieren und Resublimieren?

1.2 Stoffgemische und Stofftrennungen

Stoffgemische bestehen aus zwei oder mehr chemisch verschiedenen Substanzen, die durch physikalische Verfahren (siehe später in diesem Kapitel) voneinander getrennt werden können.

Man unterscheidet verschiedene Typen von Stoffgemischen: Eine **Lösung** besteht aus einem **Lösemittel (Lösungsmittel)** und einem **gelösten Stoff** oder mehreren gelösten Stoffen. Dabei haben die kleinsten Teilchen des gelösten Stoffs ihren normalen Zusammenhalt verloren.

*Bei einer **Zuckerlösung** ist Zucker der gelöste Stoff, Wasser das Lösemittel.*

Die kleinsten Teilchen des gelösten Stoffes dürfen dabei eine bestimmte Größe nicht überschreiten, wenn man von einer **echten Lösung** spricht. Im Chemieunterricht wird meistens mit sogenannten **wässrigen Lösungen** gearbeitet, d. h., das Lösemittel ist Wasser (z. B. Salzlösungen). Es gibt aber beispielsweise auch alkoholische Lösungen, bei denen Alkohol das Lösemittel ist statt Wasser (z. B. Parfüm).
Folgende Lerntabelle gibt dir einen Überblick über weitere Stoffgemische, geordnet nach dem Aggregatzustand, in dem die Bestandteile im Gemisch vorliegen. Zur Vereinfachung seien jeweils nur zwei miteinander vermischte Stoffe A und B angenommen.

Fachbegriff	**Aggregatzustand**		**Beispiel**
Gemenge = Gemisch	Stoff A	Stoff B	
Konglomerat	fest	fest	Granit
Suspension	fest	flüssig	feinkörniger Sand in Wasser
Emulsion	flüssig (A in B unlöslich)	flüssig	Milch (Fett in Wasser)
Nebel	gasförmig	flüssig	Wassertröpfchen in Luft (z. B. Morgennebel)
Rauch	gasförmig	fest	„Qualm" eines Feuers

Tab. 1: Stoffgemische

Ergänzt sei, dass man die erstarrte Schmelze zweier oder mehrerer Metalle als **Legierung** bezeichnet (vgl. Kapitel 1.7).

Die Legierung Messing besteht aus Kupfer und Zink.

Stoffgemische kann man auf unterschiedliche Weise wieder in ihre Bestandteile zerlegen (trennen).

Beim **Sieben** trennt man Stoffe aufgrund ihrer Teilchengröße.

Entfernung von Steinen aus Sand

Beim **Sedimentieren** sinkt ein Feststoff z. B. in einer Suspension ab.

Absetzenlassen von Kakaopulver in einem Schokoladengetränk oder eines Niederschlages nach einer chemischen Reaktion (vgl. Lerntabelle in Kap. 2.6)

Das Sedimentieren kann durch **Zentrifugieren** beschleunigt werden.

Das **Filtrieren** ist ein prinzipiell mit dem Sieben vergleichbares Verfahren. Ein Filter besitzt jedoch viel kleinere Poren als ein Sieb. Sie sind mit bloßem Auge nicht sichtbar.

Filtern von Kaffee

Das Material, das das Filter durchdringt, heißt **Filtrat** (z.B. Kaffeeflüssigkeit), was im Filter zurückbleibt, wird als **Rückstand** bezeichnet (z.B. Kaffeesatz). Zwei ineinander unlösliche Flüssigkeiten können durch **Ausschütteln** in einem **Scheidetrichter** (vgl. Kap. 2.1) voneinander getrennt werden. Ein Scheidetrichter funktioniert im Prinzip wie ein Fettabscheider zur Bereitung fettarmer Soßen.

Durch **Destillieren** lassen sich eine ganze Reihe von flüssigen Stoffen trennen, die unterschiedliche Siedetemperaturen besitzen (Destillationsapparatur siehe Kap. 2.1).

Schnapsbrennen: Beim Erhitzen von niedrigprozentigem Alkohol (hoher Wasseranteil) verdampft der Alkohol zuerst. Der Dampf wird aufgefangen, kondensiert und es entsteht hochprozentiger Alkohol (Siedetemperaturen: Wasser: 100 °C; Alkohol: 78 °C).

Manche Stoffe lassen sich durch **Extrahieren** („Herausziehen") gewinnen, indem man dem Stoffgemisch ein Lösemittel zugibt, das nur den gewünschten Stoff (die gewünschten Stoffe) löst.

Zubereitung von Kräutertees: Das Lösemittel ist heißes Wasser. Nur bestimmte Inhaltsstoffe der Teekräuter sind wasserlöslich und gehen ins Wasser über, werden also aus den Kräutern herausgezogen.

Die unterschiedliche Löslichkeit von Stoffen ermöglicht auch eine Stofftrennung durch **Chromatografieren.** Näheres hierzu findest du in deinem Chemiebuch!
Ein zentraler Begriff in der Chemie ist das Wort **Verbindung.** Es sind dabei zwei oder mehrere Atome verschiedener Elemente auf eine bestimmte Weise miteinander **verbunden.** Eine Verbindung ist also ein **Stoff, kein Vorgang.** Achte auf den Unterschied im Wortgebrauch!
Über chemische Verbindungen erfährst du mehr in Kapitel 1.9 (chemische Formeln – chemische Bindung).

1 Grundlegende Sachverhalte

A 1 **a)** Aus welchen beiden Bestandteilen setzt sich eine Lösung allgemein zusammen?

b) Gib ein Beispiel für eine nichtwässrige Lösung an!

A 2 **a)** Erkläre kurz die Begriffe Suspension, Emulsion, Nebel und Rauch! Ergänze jede Erklärung durch ein entsprechendes Beispiel!

b) Erkläre den Begriff Legierung und nenne ein Beispiel!

A 3 **a)** Gib unter Verwendung passender Fachbegriffe Verfahren an, die angewandt werden, um Stoffgemische in ihre Einzelbestandteile zu trennen!
Ordne jeweils ein entsprechendes Beispiel zu!

b) Wozu dient ein Scheidetrichter?

1.3 Lösungen

Oft ist es bei der Beschreibung eines Schulversuches erforderlich, eine Lösung näher zu beschreiben. Je nach der relativen Menge des gelösten Stoffes kann man die Lösung als **verdünnt** oder als **konzentriert** bezeichnen.
Löst man so viel von einem Stoff, dass sich nicht mehr davon auflösen lässt, so erhält man eine sog. **gesättigte Lösung.** Eventuell befindet sich unter dieser ein **Bodensatz,** also überschüssiger und nicht mehr lösbarer Stoff.
Durch Zugabe einer Säure (Ansäuern) wird eine z. B. zuvor **neutrale Lösung** zu einer **sauren Lösung.** Nach Art der zugegebenen Säure kann man die Lösung z. B. mit „salzsauer", „schwefelsauer" etc. näher charakterisieren. Diese Eigenschaftswörter sind allerdings nicht empfehlenswert, da sie zu Missverständnissen führen können. Es gibt auch **alkalische Lösungen** (vgl. zu sauren und alkalischen Lösungen auch die Lerntabellen in Kap. 2.3/2.4/2.7/2.8).

a) Was versteht man unter dem Bodensatz einer Lösung?

b) Wie bezeichnet man eine Lösung, die so viel an gelöstem Stoff enthält, dass sich mehr davon in dem vorhandenen Lösemittel nicht mehr lösen lässt?

c) Was bedeutet der Ausdruck „Ansäuern einer Lösung"?

1.4 Stoffzersetzung

Bestimmte Stoffe können durch unterschiedliche Einflüsse zersetzt werden.
Folgende Lerntabelle gibt dir einen Überblick über verschiedene Möglichkeiten der Stoffzersetzung.

Einflussfaktor	**Fachbegriff**	**Beispiel**
Wärme	Thermolyse	Zerlegung von Quecksilberoxid in Quecksilber und Sauerstoff
elektrischer Strom (Gleichstrom)	Elektrolyse	Zerlegung von Wasser in Wasserstoff und Sauerstoff
Licht	Photolyse	Zerlegung von Chlormolekülen in Chloratome durch Lichteinwirkung

Tab. 2: Stoffzersetzung

Der Zerfall eines größeren Moleküls in zwei oder mehrere kleinere Moleküle, Atomgruppen oder Atome (wie bei der Photolyse) wird allgemein als **Dissoziation** bezeichnet. Den gleichen Begriff verwendet man für den Zerfall eines Ionengitters in einzelne Ionen (z. B. beim Auflösen eines Salzes in Wasser).

Tipp!

Dissoziationsfähige Stoffe sind z. B. Salze, salzartige Verbindungen (Metalloxide und -hydroxide) und Säuren.

$$NaCl \rightarrow Na^+ + Cl^-$$

$$KOH \rightarrow K^+ + OH^-$$

$$HCl \rightarrow H^+ + Cl^-$$

1.5 Der Strukturbegriff

Das Wort **Struktur** kommt aus dem Lateinischen – „structura" bedeutet Zusammenfügung, Ordnung, Bau. Wir wollen uns im Folgenden die Bedeutung von Strukturen in der Chemie klar machen, indem wir von mit bloßem Auge sichtbaren Strukturen ausgehen und schließlich zum Feinbau der Materie gelangen.

Struktur hat immer etwas mit Aufbau und Beschaffenheit zu tun. Kaugummiblasen kannst du erzeugen, weil das Kaugummimaterial elastisch ist. Die chemische Beschaffenheit des Kaugummimaterials bedingt seine **Elastizität.** Ein Diamant ist nicht verformbar, weil er einen völlig anderen chemischen Aufbau besitzt. Die chemische Struktur von Diamant bestimmt seine **Sprödigkeit** und **Härte.** Graphit besteht chemisch aus dem gleichen Element wie Diamant (nämlich aus Kohlenstoff), hat aber eine völlig andere chemische Struktur, und somit ergeben sich ganz andere physikalische Eigenschaften (wie z. B. schwarze Farbe, weiche Beschaffenheit usw.).

Straßenbelag kann deshalb mit einer Dampfwalze bearbeitet werden, weil die **Verformbarkeit** des Materials dies ermöglicht. Ähnliches gilt für das Auswalzen des weichen Metalls Gold zu dem sehr dünnen Blattgold und für das Pressen von Autokarosserien aus Stahlblech.

Stoffeigenschaften wie Elastizität und Härte lassen sich durch den „chemischen Feinbau", die Struktur der Stoffe erklären.

Die Struktur eines Stoffes ergibt sich aus dem Aufbau aus den Atomen. Dabei unterscheidet man drei Möglichkeiten:

1. **Einzelatome** bewegen sich frei im Raum. Die entsprechenden Stoffe sind **gasförmig.**

   Edelgase bestehen aus einzelnen Atomen und sind gasförmig (vgl. die Lerntabellen in Kap. 2.2).

2. Gleich- oder verschiedenartige Atome sind zu mehr oder weniger großen Atomverbänden, den **Molekülen,** verbunden. Zwischen den Molekülen können unterschiedlich starke Wechselwirkungen (Anziehungskräfte) auftreten. Bei schwachen Wechselwirkungen sind Stoffe meist gasförmig (z. B. O_2, N_2, NH_3, H_2S), bei stärkeren zwischenmolekularen Anziehungskräften sind Stoffe flüssig (z. B. H_2O) oder fest (vgl. die folgende Möglichkeit c).

3. Die Atome (oder Moleküle) sind regelmäßig in einem **Gitter** angeordnet.

Du kannst dir den Aufbau eines solchen Gitters durch folgendes Gedankenexperiment veranschaulichen:
Stelle dir vor, du legst in die einzelnen Zellen einer Bienenwabe jeweils eine kleine Kugel und verschließt die Wabe. Wenn du sie nun schüttelst, fallen die Kugeln in der Wabe nicht frei durcheinander; sie bewegen sich nur innerhalb der Begrenzungen ihrer jeweiligen Kammer (vgl. *Abb. 1*).

Abb. 1: „Bienenwabenmodell" zur Veranschaulichung des Gitteraufbaus von Stoffen

Ähnlich ist es bei einem **Atom**- oder **Molekülgitter.** Die Teilchen (Atome oder Moleküle) haben ihren festen Gitterplatz, an dem sie sich nur wenig umherbewegen können. Die Stabilität des Gitters hängt von der Stärke der Anziehungskräfte zwischen den Teilchen ab.

Die chemische Struktur eines Stoffes ändert sich in Abhängigkeit von der Temperatur (vgl. folgende Beispiele).

Aggregatzustände von Wasser

Molekülgitter, sehr starke Wechselwirkungen	bewegliche Moleküle sind nicht mehr an ein festes Gitter gebunden, relativ starke Wechselwirkungen	freie Moleküle, praktisch keine Wechselwirkungen

Zustandsänderungen bei Schwefel

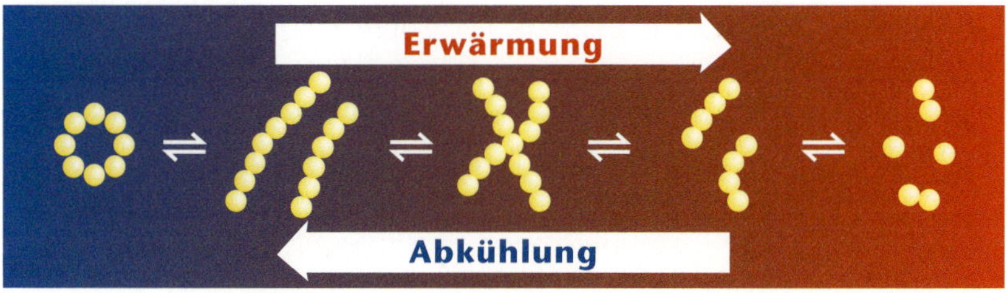

fest	**dünnflüssig**	**zähflüssig**	**dünnflüssig**	**gasförmig**
Ringmoleküle	Kettenmoleküle	aneinander hängende Ketten	kurze Ketten	Atome und Atompaare

Weitere Beispiele für die Veränderung des Zustandes von Stoffen:

- *Wasserverdunstung und Wolkenbildung (flüssig → gasförmig → flüssig),*
- *Entstehung von Eiskristallen (flüssig → fest),*
- *Entweichen von Parfümduft aus einem Zerstäuber (flüssig → gasförmig),*
- *Sublimation von CO_2 (vgl. Kap. 1.1) (fest → gasförmig).*

Aus den Änderungen der Aggregatzustände beim Wasser (ebenso bei anderen Stoffen) und den Zustandsänderungen beim Schwefel können wir folgende Regel ableiten:

Die Änderung des Stoffzustandes ist immer mit einer Teilchenbewegung und -umgruppierung verbunden.

Ausführliche Informationen und Erklärungen dazu findest du auch in Kap. 1.7.

Betrachtet man einen Stoff im molekularen Bereich, also in einer Größendimension, die man nicht mehr ohne Weiteres optisch wahrnehmbar machen kann, so zeigt der betreffende Stoff eine bestimmte **Molekularstruktur.** Die Moleküle verschiedener Stoffe unterscheiden sich in **Größe, Form** und **Zusammensetzung.**

Folgende Lerntabelle gibt dir einen vereinfachten Überblick.

Molekülgröße	**Molekülform**
kleine Moleküle aus gleichartigen Atomen (z. B. H_2, O_2, Cl_2) aus verschiedenartigen Atomen (z. B. H_20, HCl, CO_2)	**kettenförmige Moleküle** unverzweigt, verzweigt (z. B. Schwefelketten, Stärke, bestimmte Kunststoffe)
große Moleküle (z. B. Stärke, Cellulose, Kunststoffe)	**ringförmige Moleküle** (z. B. Schwefelringe) vgl. hierzu S. 19

Tab. 3: Einteilungskriterien für Moleküle

Gehen wir noch einen Schritt weiter ins Detail, so ist die **Atomstruktur,** besser: der **Atombau,** angesprochen. Der Aufbau eines Atoms lässt sich stark vereinfacht mit einem „Satellitenmodell" beschreiben (vgl. *Abb. 2*).

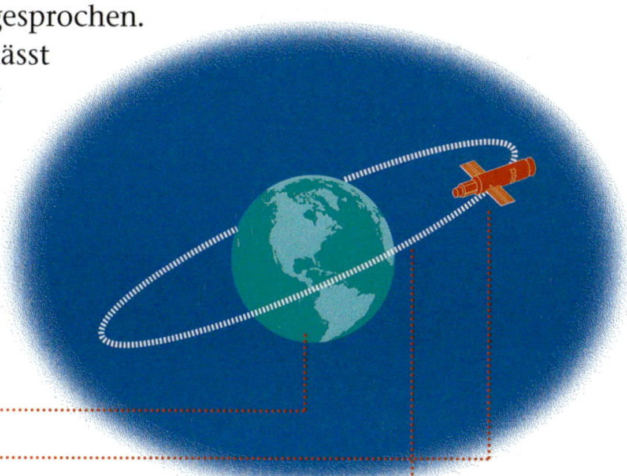

Abb. 2: „Satellitenmodell" eines Atoms

Die Geschwindigkeit eines Satelliten muss in Abhängigkeit von seiner Entfernung zur Erde und somit von der Größe der Erdanziehungskraft so eingestellt werden, dass sich Anziehungskraft und Fliehkraft die Waage halten. Um einen Satelliten mit einer bestimmten Geschwindigkeit um die Erde kreisen zu lassen, muss man ihm eine entsprechende Antriebs- oder Bewegungsenergie zuführen. Je erdnäher der Satellit ist, umso stärker wirkt die Erdanziehung auf ihn ein. Der Satellit muss in diesem Falle eine relativ hohe Geschwindigkeit haben, damit er eine genügend große Fliehkraft entwickelt. Kreist der Satellit auf einer weiter entfernten Umlaufbahn, so ist die Wirkung der Erdanziehung geringer, es reichen also eine kleinere Fliehkraft und eine kleinere Geschwindigkeit, damit sich Anziehungskraft und Fliehkraft gegenseitig ausgleichen. Der Satellit bleibt so auf seiner Bahn.

Prinzipiell ähnliche Verhältnisse findet man bei einem Atom. Die positiv geladenen **Protonen** befinden sich (neben nicht geladenen sog. **Neutronen**) im **Atomkern.** Die **Atomhülle** wird von den negativ geladenen **Elektronen** gebildet. Wegen der gegensätzlichen Ladungen von Protonen und Elektronen müssten Letztere eigentlich in den Kern fallen – wie ein abstürzender Satellit auf die Erde fällt.

Da die Elektronen aber nicht in den Kern „stürzen", müssen sie sich mit einer solchen Geschwindigkeit bewegen, dass sie auf ihrer Bahn bleiben. Die sog. **elektrostatische Anziehungskraft** durch den positiv geladenen Atomkern muss durch eine entsprechende Fliehkraft bei den negativ geladenen Elektronen ausgeglichen werden.

Das Verhalten von Elektronen lässt sich auch mithilfe der Energie beschreiben: Führt man einem Elektron Energie (z. B. in Form von Licht) zu, so „springt" es von einer inneren Bahn **(Grundzustand des Elektrons)** auf eine weiter außen liegende Bahn **(angeregter Zustand)** (auch ein Satellit müsste angetrieben werden, um auf eine weiter außen liegende Bahn zu gelangen). Kurze Zeit später „fällt" das Elektron wieder zurück, da es bestrebt ist, einen möglichst energiearmen Zustand zu erreichen.

Wenn du einen Ball z. B. eine Treppe hinaufträgst, verrichtest du eine bestimmte Arbeit und verbrauchst dabei Energie. Gibst du anschließend dem Ball oben auf der Treppe einen leichten Schubs, so wird der Ball sozusagen „freiwillig" wieder hinunterhüpfen. Dabei gibt er „stufenweise" Energie ab und nimmt schließlich einen möglichst energiearmen Zustand ein, wenn er unten an der Treppe ankommt und dort liegen bleibt.

Das Prinzip, einen energiearmen Zustand anzustreben, ist allen Systemen eigen.

Ein weiteres Beispiel soll dies verdeutlichen.

Bringt man eine Natriumverbindung in die nicht leuchtende Flamme eines Gasbrenners (vgl. Kap. 1.1), so färbt sich die Flamme charakteristisch gelb. Unter den gleichen Voraussetzungen ergeben auch andere Alkali- und Erdalkalimetalle bestimmte **Flammenfärbungen.**

Element	Flammenfärbung
Alkalimetalle	
Lithium	karminrot
Natrium	gelb
Kalium	schwach violett
Rubidium	dunkelrot
Caesium	blau
Erdalkalimetalle	
Magnesium	keine Färbung
Calcium	ziegelrot
Strontium	karminrot
Barium	grün

Tab. 4: Flammenfärbungen

Zur Erklärung überlege dir Folgendes:
Weißes Sonnenlicht kann durch Wassertropfen in seine sogenannten **Spektralfarben** (vgl. folgende Abbildung) zerlegt werden. Diese zeigen sich beispielsweise am Himmel als Regenbogen.

Spektralfarben

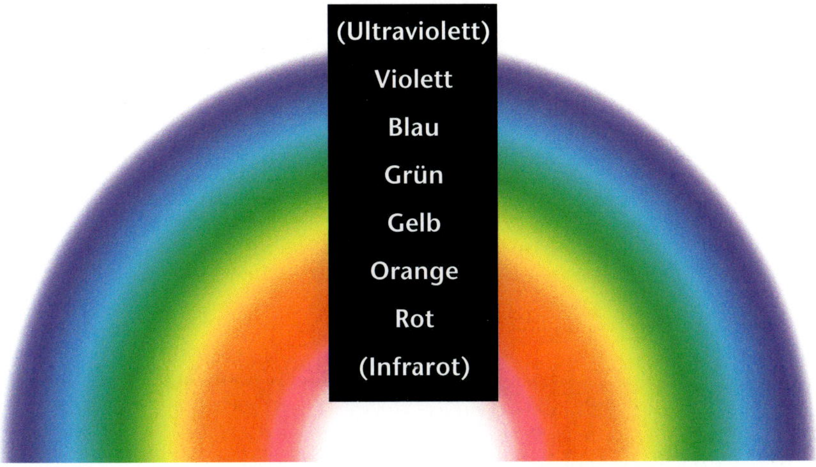

Infrarot- und Ultraviolettstrahlung (IR- und UV-Strahlung) sind für das menschliche Auge nicht sichtbar. IR-Licht ist uns als Wärmestrahlung bekannt. UV-Licht kann Sonnenbrand verursachen. UV-Strahlen sind energiereicher als IR-Strahlen.

Verschieden gefärbte Lichtstrahlung unterscheidet sich im Energiegehalt.

Dies gilt auch für die oben angesprochenen Flammenfarben.

In Abhängigkeit von der Zahl und Anordnung der Elektronen um den Atomkern lassen sich diese mehr oder weniger leicht anregen. Genügt dazu wenig Energie, so wird auch beim „Zurückfallen“ der Elektronen in den Grundzustand relativ wenig Energie in Form von Lichtstrahlung frei, also eine bestimmte Lichtfarbe erkennbar. Elemente, die keine sichtbare Flammenfärbung verursachen, könnten eine Flammenfarbe im IR- oder UV-Bereich ergeben. Wir wollen dieser Sache jetzt nicht weiter nachgehen, weil dies hier noch zu kompliziert wäre.
Der Atomaufbau bestimmt also die Flammenfarbe. Tatsächlich gilt ganz allgemein:

Die charakteristischen Eigenschaften von Stoffen lassen sich auf molekulare und atomare Strukturen zurückführen.

A 1 **a)** Wasser ändert wie alle Stoffe seinen Aggregatzustand in Abhängigkeit von der Temperatur. Erkläre diese Zustandsänderungen für den molekularen Bereich!

b) Beschreibe ausführlich in Einzelschritten die beobachtbaren Zustandsänderungen von Schwefel beim Erwärmen bzw. Erhitzen! Gehe zur Erklärung auf die verschiedenen auftretenden Molekülformen ein!

A 2 **a)** Stoffe kann man nach ihrem chemischen Feinbau in drei Gruppen einteilen. Nenne die charakteristischen Unterschiede in der Struktur dieser Stoffe!
Gib jeweils ein Beispiel an!

b) Gib in Form einer tabellarischen Übersicht an, nach welchen Kriterien man Moleküle einteilen kann!
Ordne passende Beispiele zu!

c) Ordne die im Unterricht behandelten Stoffe nach dem Kriterium „Struktur“ in verschiedene Klassen ein!
Fasse dabei jeweils die Stoffe zusammen, die aus freien Einzelatomen, Molekülen oder einem „Teilchengitter“ (Atom-, Molekül-, Ionengitter) bestehen!

A 3 **a)** Beschreibe den Bau eines Atoms nach dem „Satellitenmodell“!

b) Diskutiere unter Verwendung geeigneter Fachbegriffe, wie sich Elektronen auf bestimmten Bahnen bewegen!
Wodurch werden Sprünge zu kernferneren und kernnäheren Bahnen verursacht?

c) Erkläre die Begriffe Grundzustand und angeregter Zustand eines Elektrons!

A 4 **a)** Ordne den Elementen Li, Na, K, Rb, Cs, Mg, Ca, Sr und Ba die entsprechenden charakteristischen Flammenfärbungen zu (Tabelle)!

b) Erkläre die Ursachen für die Entstehung von Flammenfärbungen!

1.6 Der Energiebegriff

„Energie“ (gr. energeia = Kraft) ist gleichbedeutend mit der Fähigkeit eines Systems, Arbeit zu leisten.

Dazu ein paar anschauliche Beispiele aus dem Alltag:

Autokraftstoffe *(Benzin, Diesel, Flüssiggas) sind energiereich. Beim Verbrennen im Motor geben sie ihre Energie teilweise ab, der Motor läuft, das Auto kann „arbeiten“, indem es uns transportiert – also von der Stelle trägt. Trage einmal einen Schulkameraden eine Treppe hoch. Dann merkst du, dass dies eine „Arbeit“ ist.*

Beim Aufziehen einer Uhr wird die ***Uhrfeder*** *gespannt. Dabei wird ihr Energie zugeführt. Anschließend entspannt sich die Feder wieder und gibt dabei Energie ab. Diese Energie ermöglicht es, dass die Uhr läuft, sie „arbeitet“ für uns. Eine Quarzuhr verbraucht übrigens beim „Arbeiten“ elektrische Energie aus einer kleinen Batterie.*

Energie kann in verschiedenen Formen auftreten.

- **Wärmeenergie** wird z. B. frei, wenn man etwas verbrennt oder wenn man seine Hände kräftig gegeneinander reibt.
- **Lichtenergie** zeigt sich z. B. beim Gewitterblitz, beim Leuchten von Glühlampen, bei Glühwürmchen und manchen Tiefseefischen sowie beim Leuchten des Gasbrenners im Chemieunterricht (vgl. Kap. 1.1).
- **Elektrische Energie** kann gewonnen werden in Sonnen-, Wind-, Wasser-, Kohle- und Atomkraftwerken. Die so erhaltene Energie kann z. B. zum Aufheizen eines Bügeleisens, zum Betrieb eines Walkmans oder zum Bewegen eines Aufzugs verbraucht werden.
- **Chemische Energie** ist z. B. in hohem Maß in Treibstoff (etwa Benzin) enthalten und dient zum Antreiben von Motoren. Auch Nahrung enthält chemische Energie.

Merke dir grundsätzlich:

Energie kann nicht gebildet und nicht zerstört werden!
Energie kann man nur von einer Form in eine andere überführen!

Bügeleisen *(elektrische Energie → Wärmeenergie)*

MP3-Player *(elektrische Energie → Schallenergie)*

Aufzug *(elektrische Energie → Bewegungsenergie)*

Ölofen *(chemische Energie → Wärmeenergie)*

Chemische Vorgänge kann man nur unter besonderer Berücksichtigung energetischer Gesichtspunkte richtig verstehen. Chemische Reaktionen haben immer einen bestimmten **energetischen Verlauf.**
Wie in Kap. 1.5 bereits angedeutet, ist jedes System bestrebt, einen möglichst energiearmen Zustand zu erreichen. Nehmen wir an, du stehst mit einem Ball auf einem Berg. Schiebst du den Ball direkt an den Rand des Berges, so genügt schon ein kleiner Windstoß, um den Ball aus dieser instabilen Lage zu bringen – der Ball läuft „freiwillig" den Hang hinunter und bleibt unten liegen (vgl. *Abb. 3*).

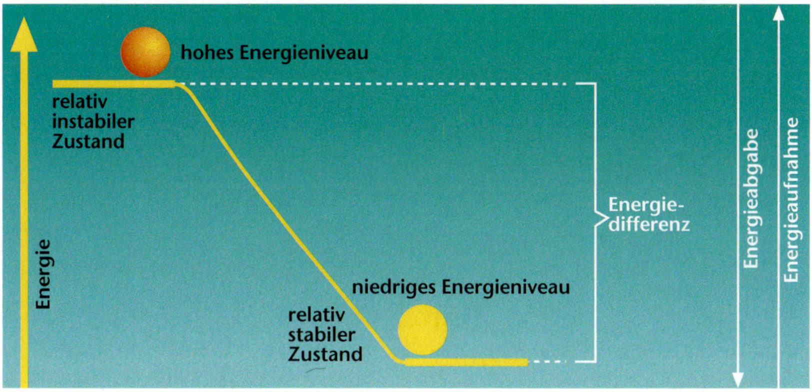

Abb. 3: Energie und Stabilität

Beim **Herabrollen** des Balls **verliert** dieser **Energie,** beim **Hinauftragen gewinnt** er **Energie.**

Befindet sich allgemein ein System auf einem verhältnismäßig hohen Energieniveau, so bedeutet dies einen ungünstigen, instabilen Zustand.
Befindet sich allgemein ein System auf einem relativ niedrigen Energieniveau, so bedeutet dies einen günstigen, stabilen Zustand.

Chemische Reaktionen, bei denen die Ausgangsstoffe energiereicher sind als die Endstoffe, verlaufen unter **Energiefreisetzung.** Man spricht in diesem Falle von **exothermen Reaktionen.** Nicht selten muss man aber aus bestimmten Gründen solche eigentlich freiwillig ablaufenden Vorgänge zunächst „anschubsen" **(aktivieren).**

Ein Stück Papier verbrennt von alleine und liefert dabei Wärmeenergie (exothermer Vorgang!).
Man muss das Papier aber zuerst einmal anzünden (Aktivierung des Verbrennungsvorganges!).
Papier ist verhältnismäßig energiereich, die entstehende Asche ist energiearm.

Das Aktivieren einer chemischen Reaktion kann man sich anschaulich wie folgt vorstellen:

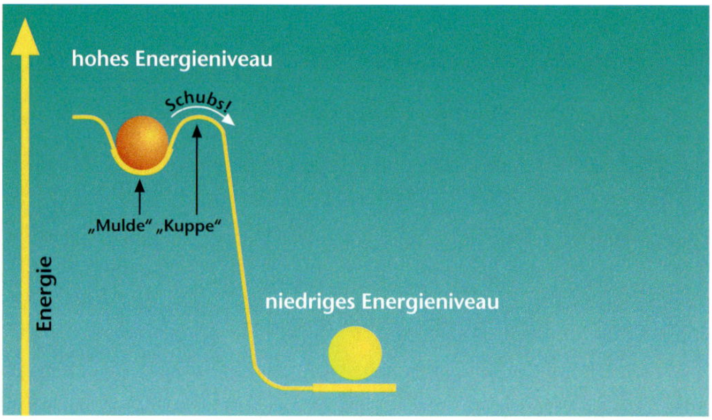

Abb. 4: Modellhafte Erklärung der Aktivierung einer exothermen Reaktion

In *Abb. 4* befindet sich der „Ball“ auf einem hohen Energieniveau, allerdings in einer „Mulde“. Er kann also nicht ohne weiteres das eigentlich angestrebte niedrigere Energieniveau erreichen, sondern er muss zunächst durch Zufuhr einer sog. **Aktivierungsenergie** auf die „Kuppe“ des „Berges“ gebracht werden. Erst dann kann der „Ball“ freiwillig hinabrollen.

Ein scheinbar stabiler (beständiger) Zustand auf einem relativ hohen Energieniveau wird als **metastabiler Zustand** bezeichnet (gr. meta = zwischen, hier: Zustand zwischen zwei instabilen Zuständen, vgl. Abb. 5). Durch Zufuhr von Aktivierungsenergie geht ein metastabiler Stoff über einen instabilen in einen stabilen Zustand über.

Traubenzucker ist bekanntlich sehr energiereich, zerfällt aber nicht in energiearme Endprodukte, wenn man ihn aufbewahrt.
Erst in unserem Körper kann der Traubenzucker Energie abgeben, also muss er im Körper aktiviert werden.

Abb. 5 zeigt, dass in manchen Fällen die „Mulde“ ziemlich tief und die „Kuppe“ demzufolge entsprechend hoch sein kann. „Mulde“, „Kuppe“ und „Fuß“ des „Berges“ spiegeln drei Energieniveaus (E1–E3) wider (siehe *Abb. 5*).

Die Differenz zweier Energiebeträge kennzeichnet man allgemein mit ΔE (sprich „Delta E“).
Delta ist ein griechischer Buchstabe und steht für Differenz.

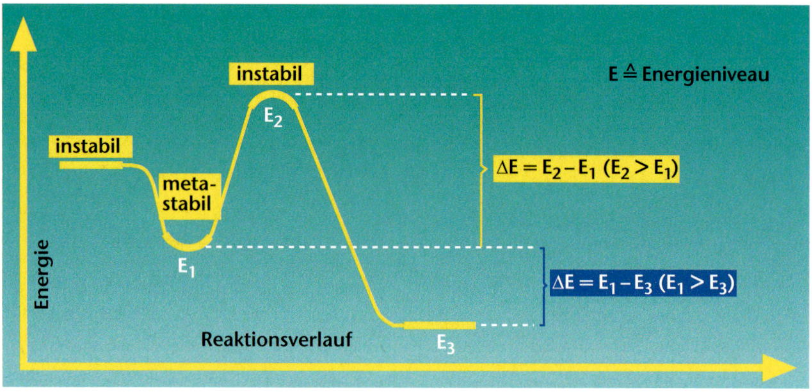

Abb. 5: Energetischer Verlauf einer aktivierten exothermen Reaktion

Die Energiedifferenz ΔE entspricht der **Aktivierungsenergie,** die Differenz ΔE heißt **Reaktionsenergie**.
Das Energieniveau E_2 wird nur kurze Zeit durchlaufen, es stellt einen sogenannten **energiereichen Übergangszustand** dar. Du erkennst in der obigen Abbildung, dass zur Aktivierung der Reaktion der Betrag ΔE „investiert" werden muss, nach dem Einsetzen der Reaktion der Betrag $\Delta E + \Delta E$ „gewonnen" wird. Der eigentliche Energiegewinn entspricht demzufolge ΔE.

Die einfachste und häufigste Aktivierungsmethode ist die Erwärmung (erinnere dich an die RGT-Regel aus Kapitel 1.1).

Bestimmte Stoffe sind allein durch ihre Anwesenheit in der Lage, den Energiebetrag ΔE zu verkleinern, sie „schaufeln" sozusagen die „Kuppe" des „Energieberges" weg. Als Folge davon kann die Reaktion dann schon unter dem Einfluss einer kleineren Aktivierungsenergie einsetzen und die Zeitdauer bis zum Reaktionsbeginn ist kürzer. Solche Stoffe, welche die Aktivierungsenergie herabsetzen, bezeichnet man als **(positive) Katalysatoren.**

In bestimmten Fällen (z. B. wenn ein leicht zerfallender Stoff längere Zeit gelagert werden soll) ist es erforderlich, die Aktivierungsenergie zu erhöhen. Stoffe, die dies bewirken, heißen **negative Katalysatoren.** Negative Katalysatoren spielen in der Chemie eine weitaus weniger wichtige Rolle als positive. Daher beschäftigen wir uns hier nicht näher mit derartigen reaktionshemmenden Stoffen. Wenn dein Lehrer von einem Katalysator spricht, meint er fast immer einen positiven!

Häufig verwendete Katalysatoren:

- *Platin oder V_2O_5 (Oxidation von SO_2 zu SO_3; vgl. Kap. 2.10),*
- *hochreines Eisen (Darstellung von NH_3 aus N_2 und H_2; vgl. Kap. 2.10).*

Ein Katalysator ist ein Stoff, der die Geschwindigkeit einer chemischen Reaktion beeinflusst oder eine Reaktion überhaupt erst ermöglicht. Dabei verändert sich der Katalysator selbst nicht.

Auch der bekannte **Autokatalysator** („Kat") beschleunigt bestimmte erwünschte chemische Reaktionen:

Schädliche Motorabgase		Entgiftete Abgase
Kohlenstoffmonooxid (CO) →		**→ Kohlenstoffdioxid (CO_2)**
Stickstoffoxide (NO_x) →	**KAT**	→ Stickstoff (N_2)
Kohlenwasserstoffe →		→ Wasser und Kohlenstoffdioxid

Die folgende Lerntabelle enthält weitere in diesem Zusammenhang wichtige Fachbegriffe, die du für den Chemieunterricht kennen musst.

Fachbegriff	Erklärung
Katalyse	= Beschleunigung oder Verlangsamung einer chemischen Reaktion durch einen Katalysator
Homogene Katalyse	= Katalyse, bei der der Katalysator und die reagierenden Stoffe im gleichen Aggregatzustand vorliegen
Heterogene Katalyse	= Katalyse, bei der der Katalysator und die reagierenden Stoffe in verschiedenen Aggregatzuständen vorliegen
Autokatalyse	= Katalyse durch einen Katalysator, der bei der zu beeinflussenden Reaktion entsteht
Biokatalysatoren	= Katalysatoren, die in Lebewesen (Mensch, Tier, Pflanze) vorkommen. Solche Stoffe heißen auch Enzyme.
Katalysatorgift	= ein Stoff, der die Wirkung eines Katalysators verringert oder aufhebt

Tab. 5: Wichtige Begriffe und ihre Erklärung

Manche Reaktionen laufen nur dann ab, wenn man **ständig Energie** zuführt. Solche chemischen Vorgänge werden als **endotherme Reaktionen** bezeichnet.

Die Thermolyse von Quecksilberoxid ist eine endotherme Reaktion (vgl. Kap. 1.4 und die folgende Abb. 6).

Folgende Abbildung zeigt den energetischen Verlauf einer endothermen Reaktion.

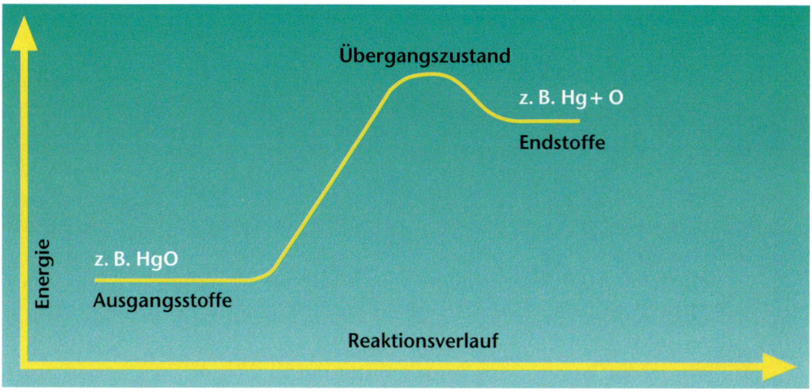

Abb. 6: Energetischer Verlauf einer endothermen Reaktion

Es ist üblich, zur näheren Charakterisierung des energetischen Verlaufs einer Reaktion den sog. **ΔH-Wert** anzugeben (H von engl. heat = Hitze).

ΔH gibt an

- ob eine Reaktion exo- oder endotherm verläuft,
- wie groß die umgesetzte Reaktionsenergie ist.

ΔH < 0 bedeutet: Die Reaktion verläuft exotherm.
ΔH > 0 bedeutet: Die Reaktion verläuft endotherm.

Tipp!

Merkhilfe: Bei einer exothermen Reaktion geht Energie aus den Stoffen heraus, die Endstoffe haben weniger Energie, was man durch ein Minuszeichen ausdrückt.

A 1

a) Erkläre den Begriff „Energie“!

b) Gib drei Energieformen an! Ordne jeweils zwei Beispiele zu!

c) Welche Art von Energie kann in Kraftwerken gewonnen werden?

A 2

a) Zeichne ein Energiediagramm für eine exotherme Reaktion, die aktiviert werden muss! Gib ein Beispiel zu einer solchen Reaktion an!

b) Zeichne ein Energiediagramm für einen endothermen Vorgang!

c) Schildere einen Schulversuch, bei dem eine solche endotherme Reaktion abläuft!

d) Was versteht man unter einem metastabilen Zustand?
Nenne ein Beispiel!

e) Wie errechnet man die Reaktionsenergie?

A 3

a) Wie wirkt ein positiver und wie wirkt ein negativer Katalysator?

b) Gib zwei Beispiele für technische Katalysatoren an! Ordne jeweils die Reaktion zu, die durch die genannten Katalysatoren beschleunigt wird!

c) Welche Ausgangsstoffe werden in einem Autokatalysator umgesetzt? Welches sind die Endstoffe?

d) Erkläre folgende Begriffe:
- Katalyse,
- homogene und heterogene Katalyse,
- Autokatalyse,
- Biokatalysator,
- Katalysatorgift.

e) Stelle alle im Unterricht behandelten katalysierten Reaktionen tabellarisch zusammen!

A 4

a) Was sagt der ΔH-Wert aus (2 Sachverhalte)? Ordne jeweils ein Beispiel in Form einer Reaktionsgleichung zu!

b) Fertige eine Tabelle aller Reaktionen an, die dein Lehrer als exo- oder endotherm bezeichnet oder deren ΔH-Wert er angegeben hat! Lerne die erstellte Liste auswendig!
(Hinweis: Die exakten ΔH-Werte müssen nicht erlernt werden!)

1.7 Teilchenbegriff – Teilchenumgruppierung

Ein **Teil** ist ein Stück vom Ganzen.

*Zerreißt du ein Blatt Papier, so erhältst du zwei oder mehr Teile. Ein Schluck Kaffee ist ein Teil der in der Tasse enthaltenen Kaffeemenge. Wenn man Geld vom Konto abhebt, ist dieses Geld ein Teil des gesamten zur Verfügung stehenden Geldbetrages. Das Lenkrad ist ein Teil vom Auto. Tusche enthält Wasser und Rußteilchen, Nudelsuppe enthält u. a. Wassermoleküle als Bestand**teile.** Diese Liste von Beispielen könnte man fast unbegrenzt erweitern.*

Mit Teil**chen** bezeichnet man kleine Teile. Der Chemiker versteht darunter **Atome, Moleküle** (= Atomgruppen), **Ionen** (= elektrisch geladene Atome oder Moleküle) und andere noch kleinere Teilchen (z. B. Protonen, Neutronen, Elektronen; vgl. hierzu Kap. 1.5).
In Kap. 1.5 wurde bereits darauf hingewiesen, dass es **atomare** und **molekulare** Stoffe sowie **Stoffe mit Gitterstruktur** gibt.

Die Änderung des Aggregatzustandes, Lösevorgänge und chemische Reaktionen sind immer mit Teilchenumgruppierungen verbunden.

Beim Lösen eines Salzes in Wasser werden die ursprünglich regelmäßig in einem Gitter angeordneten Ionen voneinander getrennt – sie vermischen sich mit den Lösemittelteilchen.

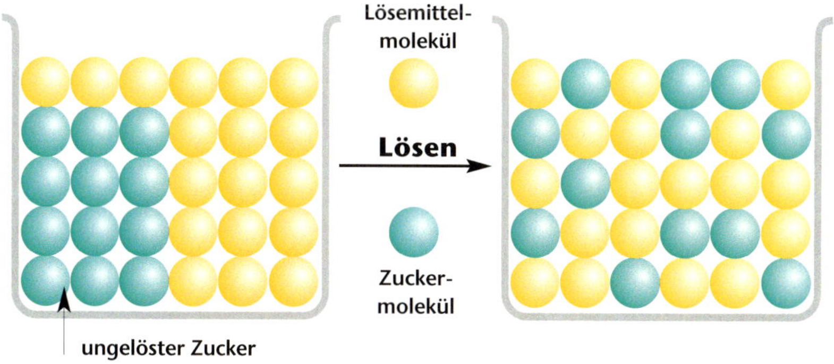

Abb. 7: Entstehung einer Zuckerlösung (modellhafte Darstellung)

Auch beim Lösen von Zucker in Wasser verteilen sich die einzelnen Zuckermoleküle zwischen den Wassermolekülen. Prinzipiell ähnlich sind die Vorgänge, die bei der Herstellung anderer wässriger Lösungen (z. B. Säuren und Laugen) ablaufen.

Natürlich ist auch das Schmelzen eines Farbstoffs und das Sieden einer Flüssigkeit jeweils mit einer Teilchenumgruppierung verbunden. Du kannst dir diese Vorgänge wie folgt erklären:
Im Gitterverband besitzen die Teilchen nur eine geringe **Bewegungsenergie,** sie „zittern" etwas (vgl. Kap. 1.5, Abb. 1). Erhöht man die kinetische Energie durch Wärmezufuhr, so zittern die Teilchen stärker, sie entfernen sich mehr oder weniger voneinander und verlieren ihre ursprünglichen Nachbarteilchen.

Mischt man in einem Standzylinder 100 ml Alkohol und 100 ml Wasser, so beträgt das Gesamtvolumen der Lösung nicht, wie zu erwarten, 200 ml, sondern nur ca. 195 ml. Da in der zum Mischen beider Flüssigkeiten benötigten (relativ) kurzen Zeit keine nennenswerte Alkohol- und Wassermenge durch Verdunstung aus dem Gefäß entwichen ist, muss die Volumenverringerung eine andere Ursache haben.

Die verhältnismäßig kleinen Wassermoleküle schlüpfen zwischen die relativ großen Alkoholmoleküle. Ein anschauliches Vergleichsexperiment mit Kichererbsen (≙ Alkoholmolekülen) und feinen Sandkörnern (≙ Wassermolekülen) verdeutlicht dies *(Abb. 8)*.

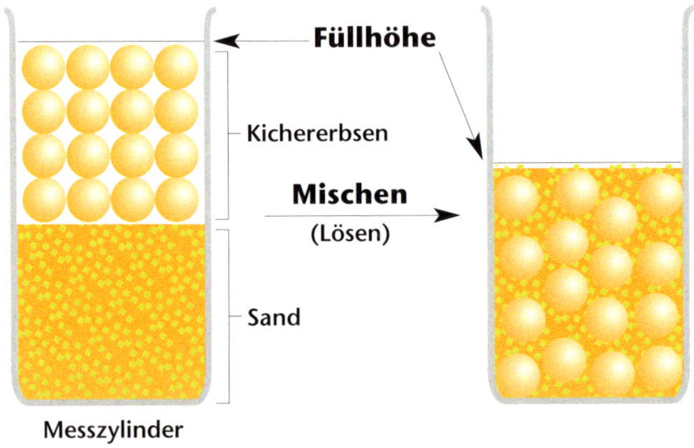

Abb. 8: Modellexperiment zur Veranschaulichung des Volumenschwundes beim Lösen bestimmter Stoffe

Auch bei der Herstellung von Legierungen werden Teilchen (hier: Metallatome) umgruppiert *(Abb. 9)*.

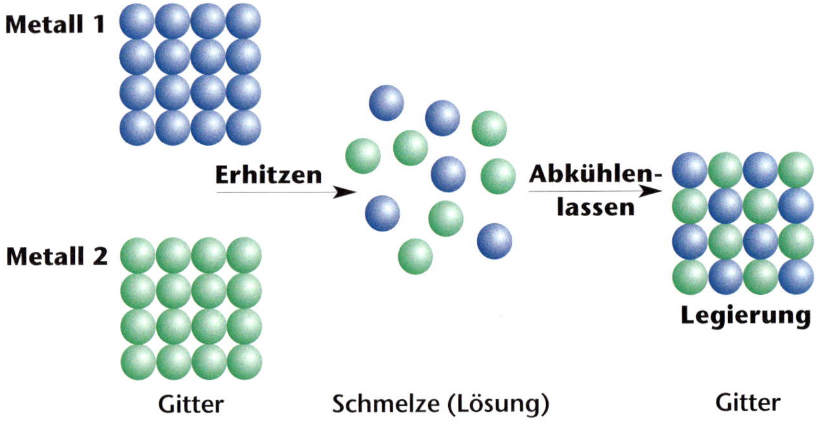

Abb. 9: Legierungsbildung aus zwei Metallen (modellhafte Erklärung)

Schließlich stellt man fest, dass insbesondere auch alle chemischen Reaktionen durch Teilchenumgruppierungen gekennzeichnet sind. Die Teilchen werden nämlich auf eine bestimmte Weise neu kombiniert. Hierbei entstehen neue Stoffe.

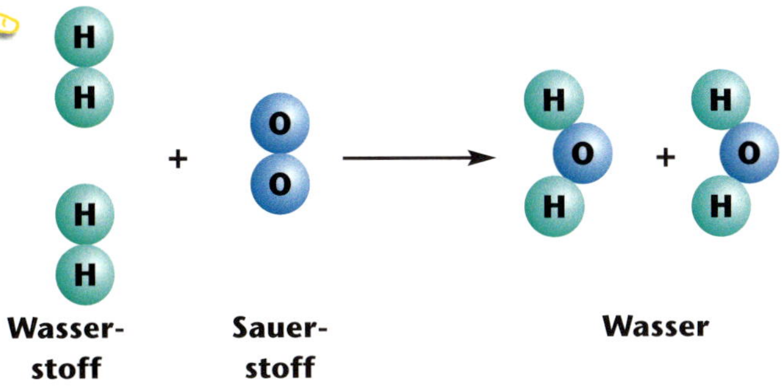

A 1 Welche Arten von Teilchen unterscheidet ein Chemiker?

A 2 **a)** Was geschieht beim Auflösen von Zucker in Wasser mit dem Zucker?

b) Lege je ein Stück Würfelzucker in kaltes und warmes Wasser! Was kannst du beobachten? Erklärung!

c) Warum hat eine Mischlösung aus 100 ml Wasser und 100 ml Alkohol kein Gesamtvolumen von 200 ml?

A 3 **a)** Skizziere allgemein die Teilchenumgruppierung bei der Bildung einer Legierung aus zwei Metallen!

b) Skizziere allgemein die Teilchenumgruppierung bei der Bildung von Wasser aus Wasserstoff und Sauerstoff!

1.8 Zahlen in der Chemie

Zahlen spielen nicht nur in der Mathematik eine große Rolle, sie gehören auch zur Sprache des Chemikers. Eine Zahl macht eine allgemeine „mengenmäßige" Aussage genauer.

Beispielsweise ist die Größenangabe „Eine Maus ist klein." relativ ungenau. Im Vergleich zu einem Elefanten ist eine Maus winzig klein, verglichen mit einem Atom aber riesig groß.
Der Arme versteht unter viel Geld etwas anderes als der Reiche. Zahlenangaben wie 10 cm Länge für die Maus, 100 € für einen Geldbetrag sind genau und unmissverständlich.

In der Chemie kommen die Zahlen wie folgt vor:

- Sie ergänzen als Indexzahlen (kleine hoch- oder tiefgestellte Zahlen) Atomsymbole,
- sie werden in Reaktionsgleichungen und bei Berechnungen verwendet (vgl. Kap. 1.10),
- sie kennzeichnen die sog. Wertigkeit von Elementen (siehe später in diesem Kapitel),
- sie treten in chemischen Formeln auf (vgl. Kap. 1.9).

Indexzahlen an Atomsymbolen

Ein Atomsymbol kann verschiedene Indexzahlen tragen. Diese **Indexzahlen** mit besonderer Bedeutung haben jeweils einen für sie reservierten Platz am Elementsymbol. Bezeichnen wir ein allgemeines Elementsymbol willkürlich kurz mit „E“ (für Element) und die Orte, an denen Indexzahlen stehen dürfen, mit „a“ bis „d“, so bestehen folgende Möglichkeiten:

$${}^{b}_{a}\mathrm{E}^{c}_{d}$$

Die Zahlenangaben an diesen reservierten Plätzen haben folgende Bedeutungen (beachte insbesondere die Pfeilhinweise bei den Beispielen!):

- An der Stelle „a“ wird die Zahl der Protonen **(Protonenzahl)** eines Atoms des betreffenden Elements angegeben. Protonen sind – wie du aus Kap. 1.5 weißt – im Atomkern enthaltene positiv geladene Teilchen. Sie bestimmen die Kernladung. Die Protonenzahl wird daher auch **Kernladungszahl** genannt.
  Da die Elemente ihrer Protonenzahl entsprechend ins Periodensystem eingeordnet wurden, bezeichnet man diese Zahl auch als **Ordnungszahl.**

*Wasserstoff ist das erste Element im Periodensystem, da ein Wasserstoffatom nur **1** Proton besitzt:*

$$\rightarrow {}_{1}\mathrm{H}$$

- An der Stelle „b“ wird bei Bedarf die **Nukleonenzahl** angegeben (mit dem Begriff Nukleonen bezeichnet man zusammenfassend die Protonen und Neutronen im Atomkern). Früher verwendete man anstelle des Begriffs Nukleonenzahl die Bezeichnung Massenzahl, da die Masse des Atomkerns der Summe der Protonen- und Neutronenmassen entspricht. Mit guter Genauigkeit kann man die Kernmasse gleichsetzen mit der Atommasse, denn die Elektronen in der Atomhülle tragen nur einen sehr kleinen Anteil zur Gesamtmasse eines Atoms bei.

*Ein Kohlenstoffatom hat 6 Protonen und 6 Neutronen, also insgesamt **12** Nukleonen:*

$$\rightarrow {}^{12}_{6}\mathrm{C}$$

- Am Platz „c“ wird – falls vorhanden – die **Ionenladungszahl** angegeben. Sie macht exakte Aussagen über das Vorzeichen der Ionenladung (positiv oder negativ geladen) und ihre Höhe (einfach, zweifach usw. geladen).

*Ein Oxidion ist **zweifach negativ** geladen:*

$${}^{16}_{8}\mathrm{O}^{2-} \leftarrow$$

- An der Stelle „d“ wird die genaue Anzahl gleichartiger Atome oder Atomgruppen, die einen Atomverband bilden, genannt.

*Ein Wasserstoffmolekül besteht aus **2** miteinander verbundenen Wasserstoffatomen:*

$$\mathrm{H}_2 \leftarrow$$

Vorzahlen in chemischen Gleichungen

In einer Reaktionsgleichung wird die Anzahl der an einer Reaktion beteiligten Atome bzw. Atomgruppen mit der entsprechenden Ziffer direkt vor dem Elementsymbol bzw. vor der Formel des Stoffes angegeben.

$$\underset{\uparrow}{4}\,\mathrm{Al} + \underset{\uparrow}{3}\,\mathrm{O_2} \longrightarrow \underset{\uparrow}{2}\,\mathrm{Al_2O_3}$$

Wertigkeiten

Die Kenntnis möglicher Wertigkeiten von Elementen ist eine wichtige Voraussetzung für die Entwicklung chemischer Formeln (vgl. Kap. 1.9). Daher ist es schon jetzt empfehlenswert, dass du dich mit den Wertigkeiten von Elementen vertraut machst, sie also auswendig lernst.

Die Wertigkeit eines Atoms gibt an, wie viele Wasserstoffatome oder andere einwertige Atome es binden oder in Verbindungen ersetzen kann.

Man hat folgende Vereinbarungen getroffen:

- Alle Atome, die Wasserstoffatome **binden,** haben eine **negative Wertigkeit;** alle Atome, die Wasserstoffatome **ersetzen,** besitzen eine **positive Wertigkeit.**
- Wasserstoff hat definitionsgemäß die Wertigkeit **+I**.
- Die Wertigkeit wird mit römischen Ziffern rechts oben neben dem Elementsymbol angegeben. Falls es aus Platzgründen erforderlich ist, kannst du die Wertigkeit auch direkt über das betreffende Elementsymbol schreiben.

Näheres zur Entwicklung chemischer Formeln unter besonderer Berücksichtigung der Wertigkeiten findest du im Kapitel 1.9.

Tipp!

Bei positiven Wertigkeiten kann das Vorzeichen entfallen, bei negativen muss es geschrieben werden.

Viele Elemente können in mehreren Wertigkeiten auftreten.

Nichtmetalle	**Metalle** Alkalimetalle	 Schwermetalle
H^{I}	Na^{I}, K^{I}	Ag^{I}
$C^{-IV, -II, II, IV}$	Ca^{II}, Mg^{II}, Ba^{II}	Zn^{II}, $Pb^{II, IV}$, Hg^{II}
$N^{-III, V}$	Al^{III}	$Cu^{I, II}$
O^{-II}		$Fe^{II, III}$
Si^{IV}		$Mn^{II, IV}$
$P^{III, V}$		
$S^{-II, IV, VI}$		
Cl^{-I}		

Tab. 6: Auswahl einiger Elemente mit ihren wichtigsten Wertigkeiten

Tipp!

Die Wertigkeit eines Elements kannst du häufig aus dem Periodensystem (Kapitel 1.13 und am Ende des Buchs) ableiten: Die Elemente der ersten und siebten Hauptgruppe sind z. B. einwertig, die Elemente der zweiten und sechsten Hauptgruppe sind oft zweiwertig.

Indexzahlen in Formeln

Alle chemischen Stoffe – man kennt viele Millionen Verbindungen – haben einen Namen (vgl. z.B. die Lerntabellen in Kap. 2.3 bis 2.6).
Zur Bildung der Namen von chemischen Verbindungen gibt es bestimmte „Kochrezepte".
Zur näheren Charakterisierung der mengenmäßigen Zusammensetzung einer Verbindung verwendet man **in ihrer Formel** die entsprechenden Ziffern zur Angabe der Anzahl der betrachteten Atome.

H_2: *Zwei Wasserstoffatome sind miteinander verbunden.*
H_2O: *Zwei Wasserstoffatome sind mit einem Sauerstoffatom zu einem Wassermolekül verbunden.*

Im Namen einer Verbindung gebraucht man den Ziffern entsprechende Zahlwörter, die teils lateinischen, teils griechischen Ursprungs sind. Für dich genügt es, die Bezeichnungen für die Zahlen von 1 bis 10 zu wissen (vgl. folgende Lerntabelle).

Berücksichtige beim Erlernen der Zahlwörter, dass relativ leicht Verwechslungen auftreten können, z. B. bei di ↔ tri, hexa ↔ hepta, octa ↔ nona.

Zahl	Zahlwort
1	**mono**
2	**di**
3	**tri**
4	**tetra**
5	**penta**
6	**hexa**
7	**hepta**
8	**octa** (sprich: „okta")
9	**nona**
10	**deca** (sprich: „deka")

Tab. 7: Zahlwörter

Die Verbindung P_2O_5 heißt Diphosphorpentaoxid.

A 1 Was bedeuten die Indexzahlen bei folgenden Teilchen:

a) $^{4}_{2}He$ b) Al^{3+} c) O_2 ?

A 2 Definiere den Begriff Wertigkeit!

1.9 Chemische Formeln – chemische Bindung

Die Formelsprache des Chemikers ist mit einer Fremdsprache vergleichbar: Die **Formeln** entsprechen den Vokabeln, die **Reaktionsgleichungen** den Sätzen.

Bestimmte Formeln können unter Berücksichtigung besonderer Regeln hergeleitet werden, andere musst du erlernen. Eine Formel macht immer eine **qualitative** und eine **quantitative** Aussage, sie zeigt dir also, welche **Atomsorten** miteinander verbunden sind und in welchem **Zahlenverhältnis** sie stehen.

Die Atomsorten werden bekanntlich durch die entsprechenden Elementsymbole angegeben. Es ist daher – wie schon gesagt – unbedingt erforderlich, dass du die Elementsymbole auswendig weißt (vgl. hierzu Kap. 2.2). Außerdem musst du lernen, den strukturellen Aufbau der betrachteten Stoffe zu interpretieren. Lies dir deshalb zur Wiederholung Kap. 1.5 durch.

Ist ein Stoff **molekular** aufgebaut, so charakterisiert seine Formel (die sog. Molekül- oder Molekularformel) nicht nur das Zahlenverhältnis der miteinander verbundenen Elementatome, sondern sie spiegelt auch wider, **wie viele Atome** einer **jeden Sorte** im Molekül enthalten sind.

Ein Wassermolekül (Formel: H_2O) enthält zwei Wasserstoffatome und ein Sauerstoffatom.

Bei Stoffen mit **Gitterstruktur** ist dies gänzlich anders. So liegen beispielsweise bei Kochsalz (Natriumchlorid) Natriumionen (Na^+) und Chloridionen (Cl^-) im Verhältnis 1 : 1 in einem Gitterverband vor.

Folgende Abbildung zeigt dir zur Veranschaulichung einen Ausschnitt aus dem NaCl-Gitter.

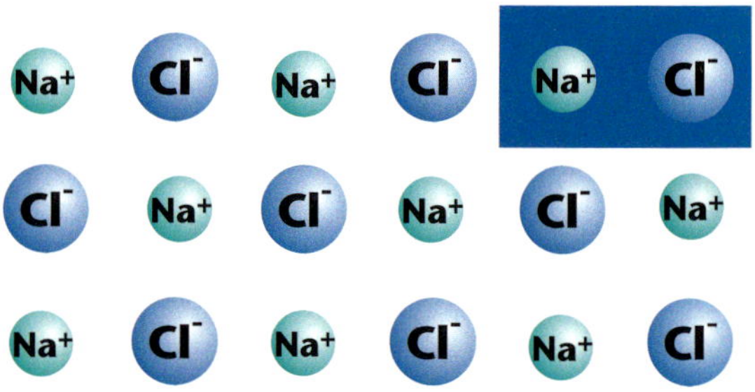

Abb. 10:
NaCl-Gitter (Ausschnitt)

Die Formel NaCl bedeutet also nicht ein Natriumchloridmolekül, das nur aus einem Natriumatom und einem Chloratom besteht. Sie besagt vielmehr, dass im NaCl-Gitter genauso viele Na^+- wie Cl^--Ionen enthalten sind.

Das in der Abb. 10 gezeigte Ionengitter enthält 9 Na^+-Ionen und 9 Cl^--Ionen, die Formel lautet aber nicht Na_9Cl_9, sondern NaCl. Das blau hervorgehobene Kästchen beinhaltet die kleinste Teilchengruppe, die das **Zahlenverhältnis** der beiden Ionensorten angibt. Eine solche kleinste Teilchengruppe heißt **Formeleinheit.**

Nochmals zur Wiederholung:

Ein molekular aufgebauter Stoff wird durch die entsprechende Molekülformel, ein Stoff mit Gitterstruktur durch eine Verhältnisformel für die Formeleinheit bezeichnet.

Stoffe mit Molekülgitter nehmen eine Sonderstellung ein. Die Formel gibt hierbei nicht nur das Zahlenverhältnis an, sondern sie macht auch eine exakte Aussage über den quantitativen Aufbau der Einzelmoleküle. Dies versteht sich allerdings von selbst, denn eine Molekülformel drückt ja auch immer ein Atomzahlenverhältnis aus.

Unter Berücksichtigung der Wertigkeiten (vgl. Tab. 6) können einfache Formeln hergeleitet werden.
Dabei musst du folgende Regel beachten:

Bei ungeladenen Molekülen ist die Summe der Einzelwertigkeiten gleich null.

Daraus kannst du schließen, dass sich Elementatome mit positiver Wertigkeit nur mit Elementatomen mit negativer Wertigkeit verbinden können, ansonsten könnte die Summe der Wertigkeiten nicht null sein.

H_2O (Wertigkeit von H: +I, Wertigkeit von O: –II,
$2 \cdot (+\mathrm{I}) + 1 \cdot (-\mathrm{II}) = 0$).

In Kap. 1.8 wurde bereits angegeben, dass

- Atome, die **Wasserstoff binden,** eine **negative Wertigkeit** haben,
- Atome, die **Wasserstoff ersetzen,** eine **positive Wertigkeit** besitzen,
- ein **Wasserstoffatom** die **Wertigkeit +I** besitzt.

Bezogen auf das oben zuletzt genannte Beispiel bedeutet dies:
Im Wassermolekül **bindet** ein Sauerstoffatom **zwei** Wasserstoffatome. Sauerstoff ist in diesem Falle **(–II)-wertig.** Im NH_3-Molekül bindet ein Stickstoffatom drei Wasserstoffatome, Stickstoff ist hier (–III)-wertig.

Bei elektrisch geladenen Molekülen entspricht die Summe der einzelnen Wertigkeiten betragsgemäß der Ionenladung.

Beispielsweise enthält das SO_4^{2-}-Ion vier Atome des (–II)-wertigen Sauerstoffs und ein Atom des in diesem Falle (+VI)-wertigen Schwefels:
4 · (–II) + 1 · (+VI) ergibt die Ionenladung 2–.

Je nach chemischer Verbindung können manche Atomsorten verschiedene Wertigkeiten haben.

Elementatomen wird die Wertigkeit 0 zugeordnet, wenn sie in elektrisch ungeladenen Molekülen vorkommen, die nur aus einer Atomsorte bestehen.

H_2 (Wasserstoff hat hier die Wertigkeit 0). Das Gleiche gilt also auch für O_2, N_2, Cl_2 usw. Für alle diese Moleküle ist die Summe der Wertigkeiten gleich null.

*Kohlenstoff ist in der Verbindung CH_4 (– IV)-wertig.
Im CO-Molekül **ersetzt** das C-Atom **zwei H-Atome** (verglichen mit H_2O):*

Kohlenstoff hat hier folglich die Wertigkeit +II.

Die in diesem Kapitel bisher besprochenen Formeln geben keinen Aufschluss über die Anordnung der Atome im Molekül. Zur Formulierung von Reaktionsgleichungen (siehe später) ist dies meistens auch nicht erforderlich. Will man jedoch den Bau eines Moleküls veranschaulichen, so verwendet man sog. **Strukturformeln.** Dies ist nur bei molekularen Stoffen möglich. Beispiele dafür findest du etwas später in diesem Kapitel.
Bei solchen Verbindungen kommen die Bindungen zwischen den Atomen **(Atombindungen)** zustande, indem sich die Atomhüllen (anschaulich: bestimmte Elektronenbahnen; vgl. Kap. 1.5) zweier Atome gegenseitig durchdringen, sie überlappen sich also.

Zwei H-Atome bilden ein H_2-Molekül.

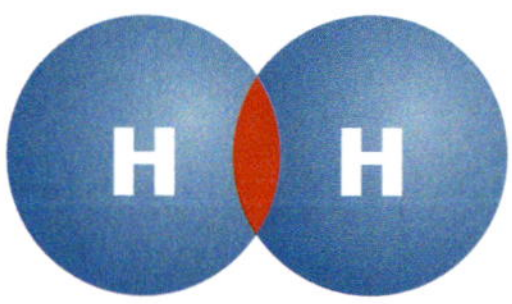

Überlappung ≙ Atombindung

Durch diese Überlappung erhalten zwei miteinander verbundene Atome ein oder mehrere **gemeinsame Elektronenpaare.** Man kann dies auch durch Angabe der entsprechenden **Elektronenformel** zum Ausdruck bringen. Dabei werden die Elektronen symbolisch durch Punkte (•) an den jeweiligen Atomen dargestellt. Ein Elektronenpaar kann durch zwei Punkte zwischen den beiden bindenden Atomen veranschaulicht werden.

Elektronenpaar im H_2-Molekül

H : H

Einfacher zu schreiben und übersichtlicher als die Elektronenformel ist die **Valenzstrichformel.** Sie enthält zur formalen Darstellung bindender Elektronenpaare sog. Valenzstriche.

Ein Valenzstrich entspricht einem Elektronenpaar.

Da im oben gewählten Beispiel zwei H-Atome durch **ein gemeinsames Elektronenpaar** „zusammengehalten" werden, lautet die entsprechende Valenzstrichformel also

H–H

Dabei ist jedes der beiden H-Atome an einem (hier: dem einzigen) Elektronenpaar beteiligt, man sagt: Jedes H-Atom ist **einbindig.**
Die Valenzstrichformel von H_2 ist sehr einfach. Wie kann man nun kompliziertere Valenzstrichformeln entwickeln?

Oft hilft die Oktettregel weiter:

Viele (nicht alle) Atome haben das Bestreben, bezüglich ihrer äußersten Elektronenbahn ein sog. Elektronenoktett, d. h. 8 Außenelektronen, zu erreichen (Oktettregel). Ein solcher Zustand ist energetisch besonders günstig und stabil.

Die sehr reaktionsträgen Edelgase (mit Ausnahme von Helium, das nur zwei Außenelektronen besitzt) haben auch diese besondere Elektronenbesetzung der äußersten Schale **(Edelgaskonfiguration)** und sind deshalb so reaktionsträge. Das Erreichen eines solchen stabilen Zustands ist bei einer ganzen Reihe von Elementatomen dadurch möglich, dass die tatsächliche Anzahl der auf der Außenschale befindlichen Elektronen zu einem Oktett aufgefüllt wird.

Wie man die Anzahl gemeinsamer Elektronenpaare bei zwei- oder mehratomigen Molekülen relativ einfach errechnen kann, zeigen folgende Beispiele.

Die Valenzstrichformel für das Stickstoffmolekül:
Stickstoff hat nach seiner Stellung im Periodensystem (5. Hauptgruppe, vgl. dort) fünf Außenelektronen. Insgesamt gibt es im N_2-Molekül also $2 \cdot 5 = 10$ Außenelektronen. Zur Erfüllung der Oktettregel sind pro N-Atom 8, im N_2-Molekül folglich $2 \cdot 8 = 16$ Elektronen erforderlich (Oktettbedarf). Es fehlen 16 (Oktettbedarf!) – 10 (vorhandene Elektronen!) = 6 Elektronen. Diese können vom N_2-Molekül nicht einfach aufgenommen worden sein, da das Molekül ja nicht elektrisch geladen ist. Zwischen den beiden N-Atomen werden also Elektronenpaare gemeinsam beansprucht, wobei jedes N-Atom drei Elektronen des anderen N-Atoms zur Oktettbildung „mitbenutzt“ (5 + 3 = 8). Drei Elektronenpaare verbinden demzufolge die N-Atome im N_2-Molekül:

$$\mathrm{N{\equiv}N}$$

Zählst du die Elektronen in der obigen Formel, so kommst du auf $3 \cdot 2 = 6$. Im N_2-Molekül sind aber – wie gesagt – $5 \cdot 2 = 10$ Außenelektronen vorhanden. Die fehlenden vier Elektronen werden je zur Hälfte auf die beiden Atome aufgeteilt. Diese Elektronen sind nicht an der Bindung beteiligt, man bezeichnet sie als **freie Elektronenpaare.**
In der Valenzstrichformel werden sie folgendermaßen angegeben (siehe Pfeilhinweise!):

$$\rightarrow |\mathrm{N{\equiv}N}| \leftarrow$$

Mache dir jetzt noch einmal klar, was die obige Formel ausdrückt:

- Jedes N-Atom besitzt ein Außenoktett.
- Drei Atombindungen (drei Elektronenpaare) verbinden die beiden N-Atome im N_2-Molekül. Stickstoff ist hier dreibindig.
- Jedes N-Atom hat fünf Außenelektronen, die ihm „gehören", und drei Elektronen vom Bindungspartner, die es wegen seines Oktettbedarfs „mitbenutzen darf".

Die Herleitung der Valenzstrichformel von CO_2 erfolgt entsprechend:

• Oktettbedarf an Elektronen	CO_2 ↑ ↑ $8 + 2 \cdot 8 = 24$
• Summe der vorhandenen Außenelektronen (laut Periodensystem)	CO_2 ↑ ↑ $4 + 2 \cdot 6 = 16$
• fehlende Elektronen	$24 - 16 = 8$
• Zahl der gemeinsamen Elektronenpaare	$8 : 2 = 4$
• vorläufige Formel	$O=C=O$
• Zahl der freien Elektronen	$16 - 8 = 8$ (= 4 freie Elektronenpaare)
• endgültige Formel	$\langle O=C=O \rangle$

Im CO_2-Molekül ist der Sauerstoff zweibindig, der Kohlenstoff vierbindig und die O-Atome haben je zwei freie Elektronenpaare.

Kommen in einem Molekül Wasserstoffatome vor, so gilt für diese Atome ausnahmsweise nicht die Oktettregel.

H-Atome streben die Elektronenkonfiguration des im Periodensystem direkt auf Wasserstoff folgenden Edelgases Helium an, also sozusagen ein „Elektronenduett" (zwei Außenelektronen).

Als Beispiel hierzu diene die im Folgenden abgeleitete Valenzstrichformel von Ammoniak (NH_3).

• Oktett- bzw. Duettbedarf	NH_3 ↑ ↑ $8 + 3 \cdot 2 = 14$
• Summe der vorhandenen Außenelektronen	NH_3 ↑ ↑ $5 + 3 \cdot 1 = 8$
• fehlende Elektronen	$14 - 8 = 6$
• Zahl der gemeinsamen Elektronenpaare	$6 : 2 = 3$
• vorläufige Formel	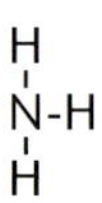
• Zahl der freien Elektronenpaare	$8 - 6 = 2$ (= 1 freies Elektronenpaar)
• endgültige Formel	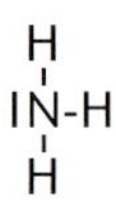

Formeln wie $Na-\overline{\underline{Cl}}|$, $Ca=O\rangle$ oder $K-\overline{\underline{O}}-H$ sind falsch, da bei diesen Stoffen keine Atombindung, sondern Ionenbindung vorliegt!

Auch die Bildung vieler Ionen der Hauptgruppenelemente lässt sich unter Anwendung der Oktettregel erklären:

Die links im Periodensystem aufgeführten Hauptgruppenelemente (insbesondere die Elemente der 1., 2. und 3. Hauptgruppe) tendieren zur Elektronenabgabe, da sie dadurch die Elektronenkonfiguration des vor ihnen stehenden Edelgases erreichen.
Bei dieser Elektronenabgabe entstehen Kationen (= positiv geladene Ionen).

Tipp!

Edelgaskonfiguration von Neon:

$Na \rightarrow Na^{+} + 1\,\text{Elektron}\,(1e^{-})$*

$Mg \rightarrow Mg^{2+} + 2e^{-}$

$Al \rightarrow Al^{3+} + 3e^{-}$

Die rechts im Periodensystem aufgelisteten Hauptgruppenelemente (insbesondere die Elemente der 6. und 7. Hauptgruppe) neigen zur Elektronenaufnahme, da sie dadurch die Elektronenkonfiguration des nach ihnen folgenden Edelgases erreichen.
Dabei bilden sich Anionen (= negativ geladene Ionen).

Tipp!

Edelgaskonfiguration von Argon:

$Cl + e^{-} \rightarrow Cl^{-}$**

$S + 2e^{-} \rightarrow S^{2-}$

* *Die Ziffer 1 kann weggelassen werden!*

** *Exakter: $Cl_2 + 2\,e^{-} \rightarrow 2\,Cl^{-}$.*

A 1 **a)** Gib die Wertigkeiten der Elementatome bei folgenden Verbindungen bzw. Teilchen an:
1. SO_3 **2.** CO **3.** H_3O^+ **4.** OH^- **5.** H_2SO_4 **6.** H_3PO_4 **7.** $S_2O_3^{2-}$ **8.** NH_4^+ **9.** $(NH_4)_2CO_3$ **10.** O_2 **11.** Fe^{3+}

b) Suche weitere Formelbeispiele in deinem Heft, bestimme die Wertigkeiten und frage im Bedarfsfall deinen Lehrer, ob du alles richtig gemacht hast!

c) Bestimme die Wertigkeiten der Elementatome der in den Lerntabellen der Kap. 2.3 bis 2.6 genannten Verbindungen!

A 2 **a)** Wozu gebraucht man Strukturformeln?

b) Erkläre das Zustandekommen einer Atombindung am Beispiel des Wasserstoffmoleküls!

A 3 **a)** Was besagt die Oktettregel?

b) Erläutere unter besonderer Berücksichtigung der Oktettregel die Formel von molekularem Stickstoff!

c) Was versteht man unter freien Elektronenpaaren? Gib ein hierzu passendes Formelbeispiel an!

A 4 **a)** Leite ausführlich die Valenzstrichformel von Kohlenstoffdioxid her!

b) Wievielbindig sind Sauerstoff und Kohlenstoff im CO_2-Molekül?

c) Leite ausführlich die Valenzstrichformel von Ammoniak ab!

d) Fasse sämtliche Valenzstrichformeln, die dein Lehrer bisher behandelt hat, in einer Übersichtstabelle zusammen!

A 5 **a)** Warum darf man für Verbindungen wie z. B. NaCl, CaO und KOH keine Valenzstrichformeln angeben?

b) Erkläre die Bildung der Kationen von Natrium, Magnesium und Aluminium und die Entstehung der Anionen von Chlor und Schwefel!

1.10 Chemische Reaktion – Reaktionsgleichungen

Der Begriff „Reaktion“ bedeutet im Alltag eine Handlung, die auf eine Ursache hin folgt. Wenn du z. B. versehentlich auf eine heiße Herdplatte greifst, zeigst du eine bestimmte Reaktion.

Erhitzt man Glas oder mahlt man Getreidekörner, so werden charakteristische Änderungen erkennbar: Das Glas schmilzt, die Getreidekörner werden zu Mehl. Bei diesen Vorgängen handelt es sich ebenfalls um „Reaktionen“ im alltäglichen Wortsinn.

Auch beim Brennenlassen einer Kerze, beim Entkalken einer Kaffeemaschine oder beim Rosten einer Autokarosserie treten bestimmte Veränderungen ein: Das Kerzenwachs wird verbraucht, die Kaffeemaschine kalkfrei und die Autokarosserie unansehnlich. Worin besteht der grundlegende Unterschied beim Vergleich der genannten Erscheinungen?

In den beiden zuerst beschriebenen Beispielen (Glas, Getreidekörner) wird nur das Erscheinungsbild der Stoffe verändert (physikalische Vorgänge), in den anderen Fällen entstehen völlig neue Stoffe.

Merke dir:

Bei allen chemischen Reaktionen entstehen neue Stoffe!

Chemische Reaktionen werden in Form von Reaktionsgleichungen beschrieben. Dabei sind bestimmte Regeln und Schreibweisen zu beachten, die im Folgenden erläutert werden.

Die **Ausgangsstoffe** (Edukte) stehen in der Regel auf der linken Seite der Gleichung, die **Endstoffe** (Produkte) werden auf der rechten Seite angegeben. Die **Umsetzung** der Ausgangsstoffe in die Endstoffe kennzeichnet man durch einen **Reaktionspfeil mit Spitze nach rechts:**

$$A + B \rightarrow C + D$$

Ausgangsstoffe Endstoffe

Die Verwendung eines Gleichheitszeichens anstelle des Reaktionspfeils ist nicht erlaubt!

Fällt ein **Niederschlag** aus, so kann man hinter der Formel der betreffenden schwer löslichen Verbindung einen **Pfeil mit Spitze nach unten** setzen:

$$A + B \rightarrow C\downarrow + D$$

(Niederschlag aus Stoff C)

Hinweis: Kap. 2.6 enthält Beispiele für schwer lösliche Verbindungen!

Entsteht während der Reaktion ein **Gas,** so kann die Formel der gasförmigen Verbindung mit einem **Pfeil mit Spitze nach oben** versehen werden:

$$A + B \rightarrow C + D\uparrow$$

(Stoff D wird als Gas frei)

Hinweis: Kap. 2.10 enthält Beispiele für Gasbildungsreaktionen.

Viele Reaktionen können in zwei Richtungen verlaufen, d. h., aus den Endstoffen können unter bestimmten Versuchsbedingungen auch wieder die Ausgangsstoffe entstehen. Solche Reaktionen werden als **umkehrbar** oder **reversibel** bezeichnet.

Man drückt diese Eigenschaft einer chemischen Reaktion durch einen **Doppelpfeil** aus:

$$\mathbf{A + B \leftrightarrows C + D} \quad \text{oder} \quad \mathbf{A + B \rightleftharpoons C + D}$$

Andere Typen von Doppelpfeilen (wie z. B. ↔, ⇋, ⟲) dürfen in diesem Zusammenhang nicht verwendet werden!

Wie bereits in Kap. 1.8 erläutert, kennzeichnen **Ziffern vor Elementsymbolen oder Formeln** die entsprechende Anzahl getrennt voneinander vorliegender Einheiten (Atome, Moleküle, Formeleinheiten).
Zahlen rechts unten hinter Elementsymbolen geben an, wie viele der entsprechenden Atome im Verband vorliegen.

8 S	*acht Schwefelatome*
H_2O	*ein Wassermolekül*
3 H_2O	*drei Wassermoleküle*
NaCl	*eine Natriumchlorid-Formeleinheit*

Zur Veranschaulichung:

2 O zwei Sauerstoffatome 

O_2 ein Sauerstoffmolekül 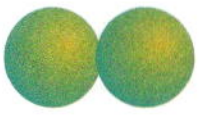

2 O_2 zwei Sauerstoffmoleküle 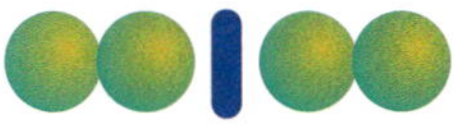

Wie du aus Kap. 1.9 weißt, muss bei der Erstellung einer chemischen Formel Folgendes beachtet werden:

- richtige Elementsymbole verwenden (vgl. Kap. 2.2),
- Stoffstruktur berücksichtigen (Einzelatome, Moleküle, Gitter; vgl. Kap. 1.5)
- korrekte Wertigkeiten zuordnen (vgl. Tab. 6).

Tipp!

Bei der Aufstellung und Überprüfung einer Reaktionsgleichung stellst du dir am besten immer folgende Fragen:

1. *Sind die in der Gleichung verwendeten Formeln korrekt?*
2. *Stehen links und rechts vom Reaktionspfeil die gleichen Atomarten?*
3. *Steht links und rechts vom Reaktionspfeil die jeweils gleiche Anzahl von gleichartigen Atomen?*
4. *Wurden keine die Reaktion näher beschreibenden Zeichen (z. B. ↑, ↓) vergessen?*

Ein Beispiel soll dir dies verdeutlichen:

Wasserstoff(gas) reagiert mit Sauerstoff(gas) unter Bildung von Wasser!

1. Schritt: Feststellung der korrekten Formeln unter Berücksichtigung der Wertigkeiten.

Wasserstoffgas (= molekularer Wasserstoff): H_2

Sauerstoffgas (= molekularer Sauerstoff): O_2

Wasser: H_2O

2. Schritt: Formeln in Gleichung einsetzen.

$$H_2 + O_2 \rightarrow H_2O$$

3. Schritt: Überprüfen, ob die Zahl gleichartiger Atome links und rechts vom Reaktionspfeil übereinstimmt.

$$\underbrace{H_2}_{HH} + \underbrace{O_2}_{\underset{\uparrow}{OO}} \rightarrow \underbrace{H_2O}_{HH\underset{\uparrow}{O}}$$

4. Schritt: Bei Bedarf mit passenden Faktoren so multiplizieren, dass die Zahl der Atome jeder einzelnen Elementsorte auf beiden Seiten des Reaktionspfeils übereinstimmt.

$$2\underbrace{H_2}_{HHHH} + \underbrace{O_2}_{OO} \rightarrow 2\underbrace{H_2O}_{HHHHOO}$$

5. Schritt: Feststellen, ob ein Niederschlag ausfällt (↓) oder ob ein Gas freigesetzt wird (↑).

Dies ist im gewählten Beispiel nicht der Fall.
Die Gleichung $\mathbf{2\,H_2 + O_2 \rightarrow 2\,H_2O}$ hat mehrere Bedeutungen.
Sie besagt:

- Wasserstoffgas reagiert mit Sauerstoffgas unter Bildung von Wasser. Allgemein gibt die Gleichung an, welche Ausgangsstoffe zu welchen Endstoffen reagieren. **(qualitative Aussage)**
- 2 Wasserstoffmoleküle reagieren mit einem Sauerstoffmolekül zu 2 Wassermolekülen.
  Allgemein gibt die Gleichung an, welche Mengen von Ausgangsstoffen zu welchen Mengen von Endstoffen reagieren.
  (quantitative Aussage)

Tipp!

Näheres zur quantitativen Aussage einer Reaktionsgleichung findest du in Kap. 1.12.

A 1 **a)** Gib die allgemeinen Fachbegriffe für die Ausgangs- und Endstoffe einer chemischen Reaktion an!

b) Welche speziellen Symbole verwendet man in einer Reaktionsgleichung, um Folgendes anzuzeigen:
1. ein Niederschlag fällt aus,
2. ein Gas wird gebildet,
3. die Reaktion ist umkehrbar.

c) Mit welchem Fachbegriff bezeichnet man eine umkehrbare Reaktion?

A 2 **a)** Welche Bedeutung haben die Ziffern, die in einer Reaktionsgleichung vor den Elementsymbolen oder Formeln stehen?
Gib passende Beispiele an!

b) Was bedeuten die Ziffern, die rechts unten hinter Elementsymbolen stehen? Ordne entsprechende Beispiele zu!

A 3 **a)** Welche vier Fragen sollte man sich bei der Formulierung einer Reaktionsgleichung grundsätzlich stellen?

b) Formuliere die Reaktionsgleichung für die Oxidation von Wasserstoff und prüfe die Richtigkeit anhand der vier Fragen.
Gib in Worten die beiden Aussagen dieser Gleichung an!

1.11 Trocknen – Trockenmittel

Eine ganze Reihe Wasser anziehender **(hygroskopischer)** Verbindungen eignet sich als **Trockenmittel.** Feste Stoffe können getrocknet werden, indem man sie z. B. auf Filterpapier abpresst. Der dadurch erreichte Trocknungsgrad ist naturgemäß nicht besonders hoch. Letzte Feuchtigkeitsreste können durch Erhitzen in einem sog. **Trockenschrank** oder durch Aufbewahrung des zu trocknenden Stoffes in einem **Exsiccator** (siehe Kap. 2.1) über einem geeigneten Trockenmittel entfernt werden. **Gase** trocknet man mithilfe geeigneter Trockenmittel in einer **Waschflasche** (siehe Kap. 2.1) oder in **Trockentürmen** (siehe Chemiebuch).

Tab. 8 zeigt dir eine Auswahl der gebräuchlichsten Trockenmittel – geordnet nach dem Aggregatzustand des zu trocknenden Stoffes.

Art des zu trocknenden Stoffes	geeignete Trockenmittel	Hinweise
Feststoff	$CaCl_2$	gekörnt, wasserfrei
	SiO_2	„Silicagel" mit $CoCl_2$ versetzt (vgl. Kap 2.7)
	H_2SO_4	konzentriert
	P_4O_{10}	
	NaOH	
	NaOH + CaO	Natronkalk
Flüssigkeit	$CaCl_2$	
	CaC_2	Freisetzung von Ethin (C_2H_2)
	CaO	
	Na_2SO_4	wasserfrei
Gas	H_2SO_4	konzentriert
	KOH	„Pastillen"

Tab. 8: Trockenmittel (Auswahl)

A 1 **a)** Was versteht man unter hygroskopischen Stoffen? Gib hierzu fünf Beispiele an!

b) Nenne zwei spezielle Geräte, mit deren Hilfe Stoffe getrocknet werden können!

1.12 Quantitative Betrachtungen

Alle Stoffe haben eine Masse. Jegliche Materie besteht aus kleinsten „Bausteinen", den Atomen (vgl. Kap. 1.5). Da jedes Atom eine charakteristische Masse besitzt (vgl. Kap. 1.8), ergibt sich folgerichtig, dass die Masse einer bestimmten Stoffportion gleich ist der Summe der Einzelmassen der darin enthaltenden Atome.

Atommasse – Molekülmasse

Die Atome verschiedener Elemente sind unterschiedlich schwer, anders ausgedrückt: Elementatome haben verschiedene Atommassen.
Am leichtesten sind Wasserstoffatome.
1 H-Atom „wiegt" etwa 0, 000 000 000 000 000 000 000 018 Gramm – also unvorstellbar wenig. Die Massen der anderen Elementatome liegen in einer ähnlichen Größenordnung. Da solch winzige Zahlenwerte für Berechnungen zu unhandlich sind, hat man die oben angegebene Atommasse von Wasserstoff definiert als **atomare Masseneinheit u**
(engl. unit = Einheit):

1 H-Atom hat die Masse 1 u.

Die Massen anderer Atomsorten sind Vielfache der Masse eines H-Atoms. Die Massenzahlen entsprechen dabei den jeweiligen Nukleonenzahlen.

Masse eines Kohlenstoffatoms: m (1 C-Atom) = 12 u
Masse eines Sauerstoffatoms: m (1 O-Atom) = 16 u

1960 hat man aus bestimmten Gründen beschlossen, als Bezugsbasis für die Angabe von Atommassen die Masse eines ^{12}C-Atoms (vgl. hierzu Kap. 1.5) zu verwenden.
1 u entspricht also nicht exakt der Masse eines H-Atoms. Für unsere weiteren Betrachtungen ist dies aber praktisch ohne Bedeutung. Bleiben wir also bei der vereinfachenden Annahme.

Zum Rechnen in der Chemie verwendet man als Atom- bzw. Ionenmasse übrigens den gerundeten Wert der Atommasse (die Nukleonenzahl des häufigsten Isotops).

Tipp!

Die genauen Atommassen erhältst du aus dem Periodensystem.

Die **Molekülmasse** errechnet man durch Addition der Atommassen der am Aufbau des betrachteten Moleküls beteiligten Atome.

$$m\,(1\ H_2O\text{-Molekül}) = 2 \cdot m\,(1\ \text{H-Atom}) + m\,(1\ \text{O-Atom}) = 2 \cdot 1\,u + 16\,u = 18\,u$$

Bei Verbindungen mit Ionengitter gibt man die Masse der entsprechenden Formeleinheit an (vgl. hierzu Kap. 1.9), man ermittelt die sogenannte **Formelmasse.**

$$m\,(1\ \text{NaCl-Formeleinheit}) = m\,(1\ \text{Na-Atom}) + m\,(1\ \text{Cl-Atom}) = 23\,u + 35\,u = 58\,u$$

Streng genommen müsste man bei der Errechnung der Formelmasse die **Ionenmassen** aufaddieren. Unter Vernachlässigung eines verschwindend kleinen Fehlers durch die Elektronenmassen nimmt man aber die einzelnen **Atommassen.**

A 1 **a)** Warum hat man die sogenannte atomare Masseneinheit eingeführt?
In welcher Einheit wird diese angegeben?

b) Welche Atomsorte wird heute als Bezugsbasis genommen für die Angabe von Atommassen?

A 2 **a)** Berechne die Molekülmasse von Kohlenstoffdioxid (Atommassen: C: 12 u, O: 16 u).

b) Welche Formelmasse hat Kaliumbromid (Atommassen: K: 39 u, Br: 80 u)?

Das Mol – (k)ein Problem?

Es gibt keine Waage, mit der man die Masse von Atomen bestimmen kann. Die Ermittlung solch ungewöhnlich kleiner Massenwerte ist nur durch relativ komplizierte Verfahren möglich. Näheres hierzu kannst du von deinem Lehrer erfahren. In der Praxis arbeitet man in der Regel mit in Gramm ausgedrückten Massen.

Wie viele Atome mit unvorstellbar kleiner Atommasse muss man nehmen, um in den wägbaren Grammbereich zu kommen? Natürlich unvorstellbar viele! Genau hier benötigen wir eine riesige Zahl – sozusagen als Umrechnungsfaktor.
Beispielsweise müsste man etwa 600 000 000 000 000 000 000 000 C-Atome auf eine Waagschale legen, um 12 g Kohlenstoff zu erhalten.
Die oben genannte Zahl mit 23 Nullen ist für Berechnungen zu unhandlich. Ähnlich wie man in bestimmten Fällen bei zwei Dingen von „1 Paar“ oder bei 12 Dingen von „1 Dutzend“ spricht, gebraucht man für die obige Teilchenanzahl mit 23 Nullen den Ausdruck **1 mol.**

Halten wir also fest:

1 Paar ≙ 2
1 Dutzend ≙ 12
1 mol ≙ $6 \cdot 10^{23}$ (exakter: $6{,}022 \cdot 10^{23}$)

Achte auch auf die Schreibweise: Als Einheit schreibt man das Wort „mol“ klein! Außerdem wird keine Pluralform wie z. B. „Mole“ oder „Mols“ verwendet.

Das Mol ist gerade mal so gewählt, dass 1 mol Teilchen so viel in der Einheit Gramm wiegt wie 1 Teilchen in der Einheit u.

- *1 H_2-Molekül „wiegt“ 2 u (vgl. Kap. 1.12).*
  Daraus folgt:
- *1 mol (= $6{,}022 \cdot 10^{23}$) H_2-Moleküle „wiegen“ 2 g.*
- *1 mol O_2-Moleküle „wiegen“ 32 g.*
- *1 mol H_2O-Moleküle „wiegen“ 18 g.*

Rechne die Beispiele nach!
In Kapitel 1.10 wurde bereits darauf hingewiesen, dass chemische Gleichungen neben qualitativen auch quantitative Aussagen machen.

Für die Oxidation von Wasserstoff zu Wasser ergibt sich folgende Gleichung:

$$2\,H_2 + O_2 \rightarrow 2\,H_2O.$$

Die obige Gleichung sagt Folgendes aus:

- Wasserstoffgas reagiert mit Sauerstoffgas unter Bildung von Wasser,
- je 2 Moleküle H_2 reagieren mit je 1 Molekül O_2 zu 2 Molekülen Wasser,
- 2 mol H_2 ($\triangleq$ 4 g H_2) reagieren mit 1 mol O_2 ($\triangleq$ 32 g O_2) zu 2 mol H_2O ($\triangleq$ 36 g Wasser).

Du erkennst an dem gewählten Beispiel, dass das Mol für Berechnungen in der Chemie eine bedeutsame Rolle spielt.

Ein Mol des Gases Wasserstoff wiegt 2 g (nicht etwa 1 g), denn die einzelnen Teilchen sind Moleküle aus 2 Wasserstoffatomen (H_2). Ähnliche Überlegungen musst du für Sauerstoffgas und Stickstoffgas anstellen.

A 1 **a)** Aus welchem Grund wurde das Mol eingeführt?

b) Gib die Teilchenanzahl von 1 mol an!

A 2 **a)** Wie viele H_2O-Moleküle sind in 1 l Wasser enthalten?

b) Die Analyse eines bestimmten Mineralwassers hat ergeben, dass 1 l davon 125 mg Na^+-Ionen enthält.
Wie viele Na^+-Ionen befinden sich in einer Flasche dieser Marke (Inhalt: 0,75 l)?

Größen – Einheiten – Größengleichungen

Um chemische Rechenübungen meistern zu können, musst du entsprechende Größen, Einheiten und Größengleichungen beherrschen.
Eine Größe ist etwas Messbares, z.B. die Zeit. Jede Größe besitzt als Abkürzungszeichen ein sogenanntes **Größensymbol** (auch Formelzeichen genannt). Beispielsweise wird die Größe „Zeit" mit dem Größensymbol t (lat. tempus = Zeit) bezeichnet. Willst du deinem Freund oder deiner Freundin mitteilen, wie viel Zeit du hast, um mit ihm oder ihr an einem heißen Sommertag schwimmen zu gehen, so sind Aussagen wie „viel Zeit" oder „wenig Zeit" wohl zu ungenau. Sagst du aber „2 Stunden", dann ist dies eine recht exakte Aussage.

Das Ausmaß einer Größe wird also durch Verwendung einer passenden Ziffer (hier: 2) und Hinzufügen einer sinnvollen Einheit (hier: Stunden) charakterisiert. Es wäre vielleicht lustig, aber wenig sinnvoll, die oben angegebene Zeitdauer von 2 Stunden in Millisekunden oder Jahrhunderten auszudrücken. Man würde dich sicherlich für etwas „überarbeitet“ halten. Wähle also grundsätzlich sinnvolle Einheiten.

Im vorigen Kapitel wurde die Bedeutung des Mols aufgezeigt. Auf das Mol bezogene Größen werden auch als **molare** Größen bezeichnet.

Größe	Größensymbol	Definitionsgleichung	Einheit	Hinweise und Beispiele
Molare Masse	M	$M = \frac{m}{n}$ m: Masse in Gramm n: Stoffmenge in mol	$\frac{g}{mol}$	$M(H_2O) = 18\,\frac{g}{mol}$
Molares Volumen	V_m	$V_m = \frac{V}{n}$ V: Volumen in Liter n: Stoffmenge in mol	$\frac{l}{mol}$	Das molare Normvolumen $V_{m,n}$ ist das molare Volumen im Normzustand (Temperatur: 0 °C, Druck: 1013 hPa) $V_{m,n} \approx 22{,}4\,\frac{l}{mol}$

Tab. 9: Beispiele für molare Größen (vgl. auch Kap. 2.12)

Die oben angegebenen Definitionsgleichungen sind Beispiele für Größengleichungen. Eine Größengleichung bringt eine zu definierende Größe in einen mathematischen Zusammenhang mit anderen Größen.

A 1 Lerne die Tabellen 9 und 2.12 auswendig!
Schlage bei Bedarf nähere Angaben und Anwendungsbeispiele in deinem Chemieheft und -buch nach!

Massengesetze

a) Gesetz von der Erhaltung der Masse

Bei allen chemischen Reaktionen bleibt die Gesamtmasse der beteiligten Stoffe unverändert.

Man füllt eine bestimmte Portion Frischmilch in ein dicht schließendes Gefäß und wiegt anschließend das Gefäß samt Inhalt. Nun lässt man es verschlossen ca. 1 Woche lang bei Zimmertemperatur stehen. Danach ist die Milch natürlich sauer geworden, eine chemische Reaktion hat stattgefunden. Eine erneute Wägung zeigt, dass die anfangs bestimmte Masse gleich geblieben ist.

Erklärung: Während des Experiments konnten Stoffe weder in das Gefäß eindringen noch aus dem Behälter entweichen. Innerhalb des Gefäßes wurden im Verlaufe einer chemischen Reaktion lediglich Teilchen umgruppiert und neu kombiniert (vgl. Kap. 1.7).

b) Gesetz der konstanten Massenverhältnisse (konstanten Proportionen)

Zu einer bestimmten chemischen Verbindung vereinigen sich die Elemente stets in einem ganz bestimmten Massenverhältnis.

Bei der Synthese von Wasser (vgl. S. 70) vereinigen sich immer jeweils 2 H-Atome (Masse: 2 · 1 u) mit 1 O-Atom (Masse: 16 u) zu 1 H_2O-Molekül. Das Massenverhältnis der Elemente Wasserstoff und Sauerstoff beträgt im Wassermolekül also:

Element Wasserstoff : Element Sauerstoff = 2 : 16 = 1 : 8.

Dies gilt für alle Wassermoleküle und somit auch für die chemische Verbindung Wasser.

Erklärung: Klar ist, dass die Ausgangsstoffe immer in einem bestimmten Zahlenverhältnis miteinander reagieren. Da die Zahl der Atome unmittelbar mit einer bestimmten Masse verbunden ist, kann man das Zahlenverhältnis sofort in ein Massenverhältnis umrechnen.

c) Gesetz der vielfachen Massenverhältnisse (multiplen Proportionen)

Vereinigen sich zwei Elemente A und B in mehr als einem Massenverhältnis miteinander (also zu verschiedenen Verbindungen), so stehen die Massen des Elementes A, die sich mit einer bestimmten Masse des Elementes B vereinigen, zueinander im Verhältnis kleiner ganzer Zahlen.

Die beiden Kohlenstoffoxide CO und CO_2 enthalten in ihren Molekülen jeweils 1 C-Atom (Masse: 12 u) und 1 bzw. 2 O-Atome (Massen: 16 u bzw. 2 · 16 u = 32 u).
Das Massenverhältnis des Elementes Sauerstoff – beim Vergleich beider Oxide bezogen auf die gleiche Masse Kohlenstoff – beträgt also 16 : 32 = 1 : 2. Es drückt einfach aus, dass die eine Kohlenstoffverbindung einen halb so großen Sauerstoffanteil hat wie die andere.

Die Bedeutung der Massengesetze liegt darin, dass man die Massen der Ausgangs- und Endstoffe bei chemischen Reaktionen relativ einfach bestimmen kann und aus den Massenverhältnissen direkt auf Zahlenverhältnisse geschlossen werden kann.

Zur Umrechnung zwischen Massen und Teilchenzahlen dient das Mol. Schaue dazu noch einmal das Kapitel 1.12 an. Tipp!

A 1 **a)** Was besagt das Gesetz von der Erhaltung der Masse?
Gib hierzu ein passendes Beispiel aus dem Chemieunterricht an!

b) Formuliere das Gesetz der konstanten Proportionen!
Erkläre dieses anhand eines geeigneten Beispiels!

c) Wie lautet das Gesetz der multiplen Proportionen?
Beispiel!

A 2 In einem Versuch wird ein modernes Fotoblitzlämpchen vor und nach dem Zünden gewogen.
Welches Ergebnis erwartest du?

A 3 Berechne das Massenverhältnis von Eisen für die Verbindungen Eisen(II)-oxid und Eisen(III)-oxid – bezogen auf die gleiche Masse Sauerstoff!

1.13 Wichtige Element- und Stoffklassen

Metalle und Nichtmetalle

Metalle zeichnen sich durch folgende Eigenschaften aus:

- Sie leiten gut Wärme,
- sie leiten gut den elektrischen Strom,
- sie sind relativ leicht verformbar.

Nichtmetalle leiten dagegen den elektrischen Strom gar nicht oder nur sehr schlecht (Ausnahme: Kohlenstoff). Außerdem sind sie in der Regel spröde. Einige Elemente zeigen sowohl (schwach) metallische als auch (schwach) nichtmetallische Eigenschaften. Man nennt sie daher **Halbmetalle**, z. B. Silicium, Germanium und Arsen.

Kabel zur Leitung des elektrischen Stroms enthalten unter der Kunststoffisolierung Kupferdraht. Diese lassen sich leicht verbiegen. Bleistiftminen aus Graphit (eine bestimmte Erscheinungsform von Kohlenstoff) brechen leicht. Dennoch leitet Graphit Strom. Diamant besteht aus einem regelmäßigen Kohlenstoffgitter und leitet den elektrischen Strom nicht. Er ist sehr hart und spröde.

Säuren und Basen

Eine Säure besteht aus Säurewasserstoff und einem Säurerest.

In Wasser zerfällt (dissoziiert) eine Säure in ihre beiden Bestandteile und schmeckt sauer. Sehr viele Säuren enthalten Sauerstoff (daher der Name des Elements) und entstehen bei der Reaktion von Nichtmetalloxiden mit Wasser (vgl. Kapitel 2.9).

Eine Säure muss kein Wasser enthalten. In wasserfreiem Zustand wirkt eine Säure nicht sauer. Gibt man Wasser dazu, spricht man von einer wässrigen Säurelösung.

Eine Base besteht aus Hydroxid-Ionen OH^- und positiv geladenen Metall-Ionen (z.B. Na^+).

Man nennt eine Base daher auch Hydroxid. Wasserlöslich sind nur die Basen mit einem Metallrest aus der ersten oder zweiten Hauptgruppe des Periodensystems (sie enthalten die sog. Alkali- bzw. Erdalkalimetalle). In Wasser zerfällt (dissoziiert) eine solche Base in ihre beiden Bestandteile. Die Lösung schmeckt seifig und hat eine ätzende Wirkung. Man nennt eine solche wässrige Lösung auch Lauge und beschreibt ihre Wirkung als alkalisch (basisch).
Hydroxide entstehen vor allem bei der Reaktion von Metalloxiden und Wasser. Beispiele für Hydroxide findest du in der Lerntabelle 2.4.

Salze

Ein Salz besteht aus positiv geladenen Metall-Ionen und aus negativ geladenen Nichtmetall-Ionen.

Salzbildungsmethoden findest du in Kapitel 2.11.

A 1 Was unterscheidet die Metalle von den Nichtmetallen? Gib jeweils drei Beispiele für Metalle und Nichtmetalle an!

A 2 Was zeichnet eine Säure aus, was eine Base? Welcher Zusammenhang besteht zwischen einer Säure und einem Salz?

1.14 Der Aufbau des Periodensystems

Die einfachste Möglichkeit, alle bekannten chemischen Elemente zu ordnen, besteht darin, sie in der Reihenfolge ihrer Protonenzahlen aufzuschreiben. Da ein Wasserstoffatom nur ein Proton besitzt, bildet Wasserstoff das erste Element, gefolgt von Helium (He) mit zwei und Lithium (Li) mit drei Protonen. Insgesamt gibt es über 110 Elemente in einer lückenlosen Reihenfolge von Protonenzahlen. Davon kommen etwa 90 Elemente in natürlichen Stoffen vor, etwa 20 werden auf künstliche Weise hergestellt.
Vergleicht man nun die chemischen Eigenschaften in der Elementreihe (z.B. die Wertigkeit), stellt man fest, dass diese sich erstaunlich regelmäßig von Element zu Element verändern und dass sie sich nach einer bestimmten Zahl von Elementen wiederholen.

Das zweite Element (Helium) hat die Wertigkeit 0, das dritte Element (Lithium) +1, das vierte die Wertigkeit +2, wieder das nächste +3. Dies wiederholt sich für das zehnte Element (Neon, Wertigkeit 0), das elfte Element (Natrium, +1) usw., und ein weiteres Mal ab dem 18. Element (Argon, 0).
Die Wertigkeit wiederholt sich demnach nach je acht Elementen.

Um die chemische Verwandtschaft von Elementen zum Ausdruck zu bringen, ordnet man aufeinanderfolgende Abschnitte der Elementreihe in kürzeren Reihen untereinander an, sodass Elemente mit ähnlichen Eigenschaften untereinander stehen. Das so entstehende Ordnungssystem heißt **Periodensystem der Elemente** (Abk. **PSE;** du findest es am Ende des Buches). Dabei ergeben sich acht vollständig gefüllte Spalten, die man **Hauptgruppen** nennt, mit jeweils chemisch ähnlichen Elementen. Darüber hinaus gibt es noch eine Reihe von Spalten, die erst ab dem 21. Element eine Rolle spielen, die sog. **Nebengruppen.** Die Zeilen des Periodensystems nennt man **Perioden,** da sich die chemischen Eigenschaften in jeder Zeile von links nach rechts in gleicher Weise entwickeln, nach jeder Zeile also periodisch wiederkehren.

Im Periodensystem der Elemente (Abk. PSE) sind die Elemente in Zeilen und Spalten geordnet. Die Zeilen heißen Perioden, die Spalten Gruppen. Entlang einer Periode nimmt die Protonenzahl schrittweise um je eins zu, die Elemente einer Gruppe sind sich chemisch ähnlich.

Im Periodensystem gibt es weitere Gesetzmäßigkeiten, wie sich Eigenschaften entlang von Perioden und Gruppen ändern:

- Der Metallcharakter nimmt innerhalb einer Hauptgruppe von oben nach unten zu, innerhalb einer Periode von links nach rechts ab. Tatsächlich sind die meisten Elemente Metalle.
- Die Schmelz- und Siedetemperaturen der Metalle nehmen in der Regel von oben nach unten ab, die der Nichtmetalle von oben nach unten zu.

Die Erklärung für die Regel- und Gesetzmäßigkeiten des Periodensystems findet sich im Bau der Atome. Mit jedem Proton im Atomkern kommt ein Elektron in der Atomhülle hinzu, wobei sich die Elektronen in sog. Schalen (stark vereinfachte Vorstellung: Zwiebelschalen) gruppieren. Die Atome von Elementen der ersten Hauptgruppe besitzen ein Elektron in der äußersten Schale, die der zweiten Hauptgruppe zwei usw. bis zur achten Hauptgruppe. Da nur höchstens acht Elektronen in die äußerste Schale passen, werden weitere Elektronen in eine neue Schale eingebaut. Dies entspricht einer neuen Periode. Das Periodensystem spiegelt also die Verteilung der Elektronen in den Atomen wider.

Mithilfe des Periodensystems kannst du Wertigkeiten besser lernen, da du ein Bild vor Augen hast.
Ist die Verwendung eines Periodensystems erlaubt, kannst du die Wertigkeiten meist direkt daraus ableiten.

Tipp!

A 1 Erkläre den Aufbau des Periodensystems.
Was zeichnet die Hauptgruppen, was die Perioden aus?

„Pauken“ leicht gemacht

Tabellen und Übersichten zum Auswendiglernen

In diesem Kapitel findest du – neben einer Übersicht der im Chemieunterricht verwendeten Geräte – eine Reihe von Lerntabellen, in denen Verbindungen und deren Namen sowie Darstellungsverfahren und Reaktionen, die für das Verständnis der Chemie sehr wichtig sind, auf übersichtliche Weise dargestellt sind. So kannst du schnell nachsehen, wenn du etwas zu einer Verbindung oder einem Verfahren wissen willst, und das Lernen dieser Inhalte, das dir leider niemand ersparen kann, fällt dir viel leichter.

2.1 Die im Chemieunterricht verwendeten Geräte

Für die Schilderung von Experimenten ist es wichtig, dass du die verwendeten Arbeitsgeräte mit ihrem korrekten Namen bezeichnest.
Zum einfacheren Erlernen dieser speziellen Namen sind die nachfolgend genannten Geräte in Gruppen eingeteilt.

A 1 Lerne die Namen der in Kap. 2.1 dargestellten Arbeitsgeräte auswendig. Schreibe dann alle erlernten Fachbegriffe auf ein gesondertes Blatt und zeichne die Geräte!

Glasgeräte

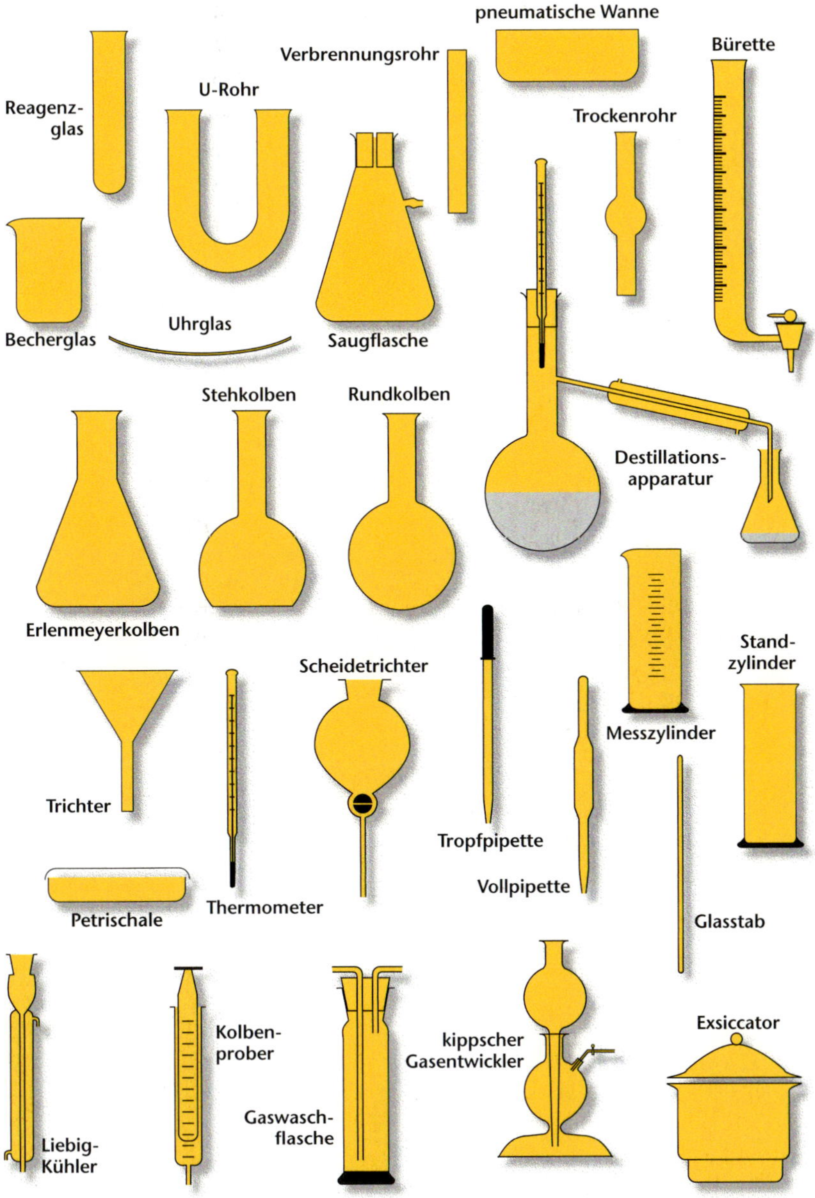
pneumatische Wanne
Bürette
Verbrennungsrohr
Reagenzglas
U-Rohr
Trockenrohr
Becherglas
Uhrglas
Saugflasche
Stehkolben
Rundkolben
Destillationsapparatur
Erlenmeyerkolben
Stand-zylinder
Scheidetrichter
Messzylinder
Trichter
Tropfpipette
Vollpipette
Petrischale
Thermometer
Glasstab
Exsiccator
Kolbenprober
kippscher Gasentwickler
Gaswaschflasche
Liebig-Kühler

Metallgeräte

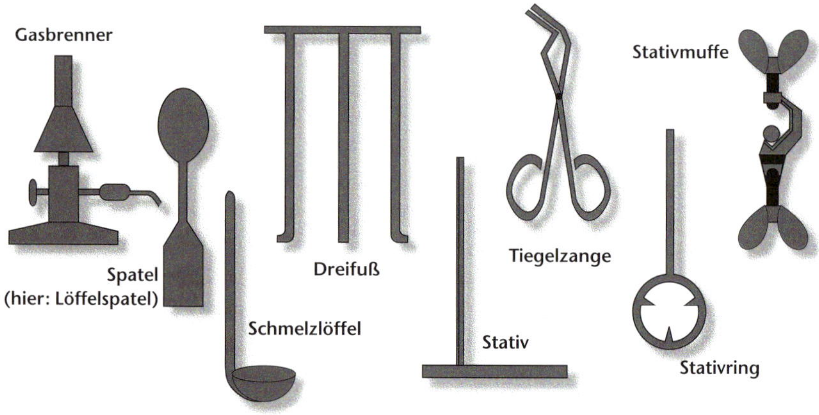

Holzgeräte

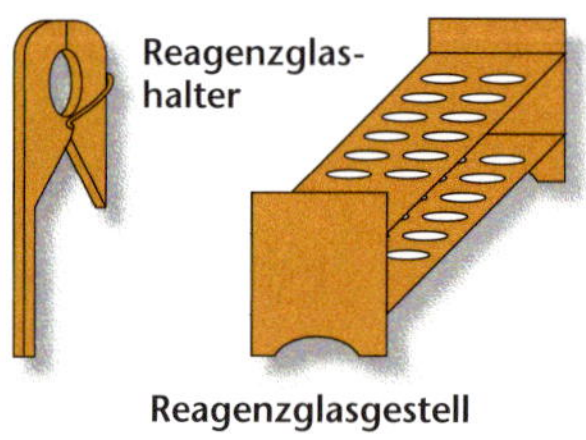

Porzellangeräte

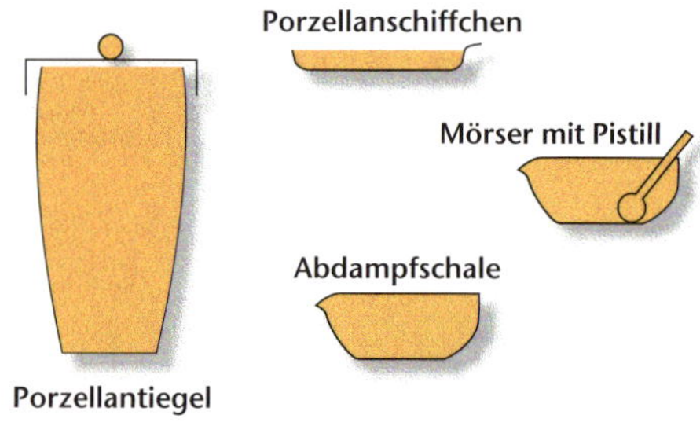

Sonstige Geräte

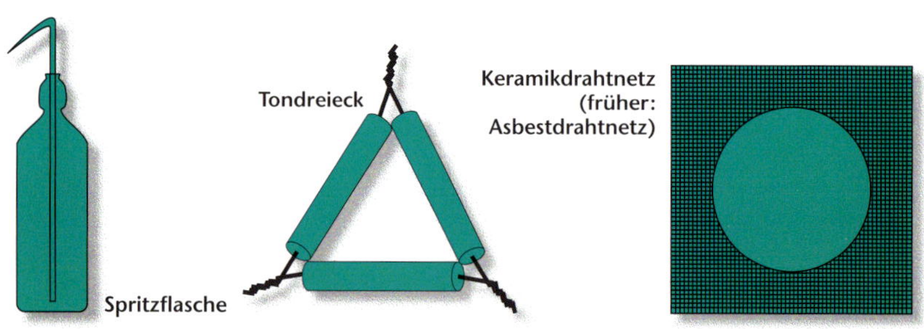

2.2 Elementnamen und Elementsymbole

Zum Verstehen chemischer Reaktionen ist es für dich unbedingt erforderlich, dass du Elementnamen und Elementsymbole kennst. Nur dann kannst du auch Formeln und chemische Gleichungen (Reaktionsgleichungen) entwickeln.
Bis heute sind über 100 chemische Elemente bekannt. Keine Angst! Davon musst du nur eine bestimmte Auswahl kennen. Die folgende Lerntabelle zeigt dir diese Auswahl und gibt dir zusätzlich nützliche Hinweise zu Aussprache und Schreibweise einiger Elementnamen:

Name	Symbol	Hinweise
Aluminium	Al	
Antimon	Sb	„Sb" von lat. stibium
Argon	Ar	
Arsen	As	
Astat	At	nicht: Astatin
Barium	Ba	
Beryllium	Be	
Bismut	Bi	nicht: Wismut
Blei	Pb	„Pb" von lat. plumbum
Bor	B	
Brom	Br	
Cadmium	Cd	nicht: Kadmium
Caesium	Cs	nicht: Cäsium, Zäsium
Calcium	Ca	nicht: Kalzium
Chlor	Cl	
Chrom	Cr	
Cobalt	Co	nicht: Kobalt
Eisen	Fe	„Fe" von lat. ferrum

Name	Symbol	Hinweise
Fluor	F	sprich: Fluor, nicht „Flur“
Francium	Fr	sprich: Franzium, nicht „Frankium“
Gallium	Ga	
Germanium	Ge	
Gold	Au	„Au“ von lat. aurum
Helium	He	
Indium	In	
Iod	I	nicht: Jod (J)
Kalium	K	
Kohlenstoff	C	„C“ von lat. carboneum
Krypton	Kr	
Kupfer	Cu	„Cu“ von lat. cuprum
Lithium	Li	sprich: Litium, nicht „Lizium“
Magnesium	Mg	
Molybdän	Mo	
Natrium	Na	
Neon	Ne	
Nickel	Ni	
Phosphor	P	
Platin	Pt	sprich: Platin
Quecksilber	Hg	„Hg“ von lat. hydrargyrum = Wassersilber
Radium	Ra	
Radon	Rn	
Rubidium	Rb	
Sauerstoff	O	„O“ von lat. oxygenium
Schwefel	S	„S“ von lat. sulfur
Selen	Se	

Name	Symbol	Hinweise
Silber	Ag	„Ag“ von lat. argentum
Silicium	Si	nicht: Silizium
Stickstoff	N	„N“ von lat. nitrogenium
Strontium	Sr	sprich: Stronzium
Tellur	Te	
Thallium	Tl	
Vanadium	V	nicht: Vanadin
Wasserstoff	H	„H“ von lat. hydrogenium
Xenon	Xe	
Zink	Zn	
Zinn	Sn	„Sn“ von lat. stannum

Gruppennamen und Elementsymbole der Hauptgruppenelemente

Gruppenname	zugehörige Elemente
Alkalimetalle	Li, Na, K, Rb, Cs, Fr
Erdalkalimetalle	Be, Mg, Ca, Sr, Ba, Ra
Triele (sprich: Tri-ele)	B, Al, Ga, In, Tl
Tetrele	C, Si, Ge, Sn, Pb
Pentele	N, P, As, Sb, Bi
Chalkogene („Erzbildner“)	O, S, Se, Te, Po
Halogene („Salzbildner“)	F, Cl, Br, I, At
Edelgase	He, Ne, Ar, Kr, Xe, Rn

Tipp!

Mehr Informationen zu den Hauptgruppenelementen findest du (bei gleicher Gruppierung) im Periodensystem ganz hinten im Buch.

2.3 Säuren und Salze

Die folgende Lerntabelle gibt dir einen Überblick über die Formeln und Namen der wichtigsten Säuren und ihrer Salze.
Unter Berücksichtigung bestimmter Strukturmerkmale gibt es für manche Verbindungen neben dem wissenschaftlichen Namen noch weitere Bezeichnungen (Trivialnamen), die oft allgemein bekannt sind. Lass dir die Herkunft dieser Namen von deinem Lehrer erklären, bevor du lernst, denn was du verstehst, lernst du leichter.

Formel	**Name**	**Besondere Hinweise und weitere Namen**
H_2CO_3	Kohlensäure	Salze: Carbonate und Hydrogencarbonate
Na_2CO_3	Natriumcarbonat	$Na_2CO_3 \cdot 10\ H_2O$* = (Kristall-)Soda
$NaHCO_3$	Natrium-hydrogencarbonat	Natron
K_2CO_3	Kaliumcarbonat	Pottasche
$CaCO_3$	Calciumcarbonat	Kalk, Calcit, Kalkstein, Marmor, Kreide, „Kesselstein", „Tropfstein"
$Ca(HCO_3)_2$	Calcium-hydrogencarbonat	
$CaMg(CO_3)_2$	Calcium-magnesium-carbonat	Dolomit
NH_4HCO_3	Ammonium-hydrogencarbonat	Hirschhornsalz
HCl	Hydrogenchlorid	Chlorwasserstoff wässrige Lösung: Salzsäure Salze: Chloride
$NaCl$	Natriumchlorid	Kochsalz, Steinsalz
KCl	Kaliumchlorid	Sylvin
NH_4Cl	Ammoniumchlorid	Salmiak
$HgCl_2$	Quecksilber(II)-chlorid	Sublimat
Hg_2Cl_2	Quecksilber(I)-chlorid	Kalomel

** sprich: Natriumcarbonat (verbunden) mit 10 H_2O. Die in dieser Formel gemachte Angabe 10 H_2O bezieht sich auf den Anteil an sogenanntem Kristallwasser. Dabei handelt es sich um chemisch gebundenes und am Aufbau der Kristalle beteiligtes Wasser.*

Formel	Name	Besondere Hinweise und weitere Namen
$HClO_4$	Perchlorsäure	Salze: Perchlorate
$HClO_3$	Chlorsäure	Salze: Chlorate
$HClO_2$	chlorige Säure	Salze: Chlorite
HClO	hypochlorige Säure	Salze: Hypochlorite
KClO	Kaliumhypochlorit	„Eau de Javelle“
NaClO	Natriumhypochlorit	„Eau de Labarraque“
CaCl(ClO)	Calcium-chlorid-hypochlorit	Chlorkalk
HNO_3	Salpetersäure	Salze: Nitrate
KNO_3	Kaliumnitrat	Kalisalpeter, Salpeter
$NaNO_3$	Natriumnitrat	Natronsalpeter, Chilesalpeter
NH_4NO_3	Ammoniumnitrat	Ammonsalpeter
$Ca(NO_3)_2$	Calciumnitrat	Kalksalpeter, „Mauersalpeter"
$AgNO_3$	Silbernitrat	Höllenstein
HNO_2	salpetrige Säure	Salze: Nitrite
H_3PO_4	Orthophosphorsäure oder Phosphorsäure	Salze: (Ortho-)Phosphate (= tertiäre Phosphate), Hydrogenphosphate (= sekundäre Phosphate), Dihydrogenphosphate (= primäre Phosphate)
$Ca_3(PO_4)_2$	Calciumphosphat	Phosphorit
$Ca_5(PO_4)_3(OH)$	Calcium-hydroxid-phosphat	Hydroxylapatit
$Ca_5(PO_4)_3F$	Calcium-fluorid-phosphat	Fluorapatit
$NaNH_4HPO_4$	Ammonium-natrium- hydrogenphosphat	Phosphorsalz
H_3PO_3	Phosphonsäure	genauere Formel: $HPO(OH)_2$ Salze: Phosphonate

Formel	Name	Besondere Hinweise und weitere Namen
H_3PO_2	Phosphinsäure	genauere Formel: $HPO(OH)$ Salze: Phosphinate
$H_4P_2O_7$	Diphosphorsäure	Pyrophosphorsäure Salze: Diphosphate (Pyrophosphate)
$(HPO_3)_n$ ($n = 3, 4$ usw.)	Metaphosphorsäuren	Salze: Metaphosphate
H_2SO_3	schweflige Säure	Salze: Sulfite, Hydrogensulfite
H_2SO_4	Schwefelsäure	Salze: Sulfate, Hydrogensulfate
$Na_2SO_4 \cdot 10\,H_2O$	Natriumsulfat (mit $10\,H_2O$)	Glaubersalz
$MgSO_4 \cdot 7\,H_2O$	Magnesiumsulfat (mit $7\,H_2O$)	Bittersalz
$CaSO_4 \cdot 2\,H_2O$	Calciumsulfat (mit $2\,H_2O$)	Gips, Marienglas, Alabaster
$CaSO_4 \cdot \frac{1}{2}\,H_2O$	Calciumsulfat (mit $\frac{1}{2}\,H_2O$)	Halbhydrat, gebrannter Gips
$CaSO_4$	Calciumsulfat	Anhydrit
$CuSO_4 \cdot 5\,H_2O$	Kupfersulfat (mit $5\,H_2O$)	Kupfervitriol
$FeSO_4 \cdot 7\,H_2O$	Eisensulfat (mit $7\,H_2O$)	Eisenvitriol
$BaSO_4$	Bariumsulfat	Schwerspat, Baryt
$AlK(SO_4)_2 \cdot 12\,H_2O$	Aluminium-kalium-sulfat (mit $12\,H_2O$)	Kalialaun
$H_2S_2O_3$	Thioschwefelsäure	Salze: Thiosulfate
$Na_2S_2O_3 \cdot 5\,H_2O$	Natriumthiosulfat (mit $5\,H_2O$)	Fixiersalz

Formel	Name	Besondere Hinweise und weitere Namen
$H_2S_2O_7$	Dischwefelsäure	Salze: Disulfate
H_2S	Hydrogensulfid	Schwefelwasserstoff wässrige Lösung: Schwefelwasserstoffsäure Salze: Sulfide, Hydrogensulfide
FeS	Eisensulfid	
FeS_2	Eisendisulfid	Pyrit, Katzengold, Eisenkies, Schwefelkies
PbS	Bleisulfid	Bleiglanz
ZnS	Zinksulfid	Zinkblende, Wurtzit
$CuFeS_2$	Eisen-kupfer-sulfid	Kupferkies
H_4SiO_4	Orthokieselsäure	Salze: (Ortho-)Silicate
Na_4SiO_4	Natrium(ortho)silicat	
$(H_2SiO_3)_n$ ($n = 3, 4$ usw.)	Metakieselsäuren	Salze: Metasilicate

2.4 Hydroxide (Auswahl)

Die folgende Lerntabelle zeigt die Formeln und Namen der wichtigsten Hydroxide und ihrer wässrigen Lösungen.
NaOH und KOH sind die am häufigsten verwendeten Laugen; $Ca(OH)_2$ und $Ba(OH)_2$ finden als Nachweismittel für H_2CO_3 (CO_2) und Carbonate Verwendung (vgl. Lerntabelle 2.7).

Formel	Name	Besondere Hinweise und Namen
NaOH	Natriumhydroxid	wässrige Lösung: Natronlauge
KOH	Kaliumhydroxid	wässrige Lösung: Kalilauge
$Ca(OH)_2$	Calciumhydroxid	wässrige Lösung: Kalkwasser
$Ba(OH)_2$	Bariumhydroxid	wässrige Lösung: Barytwasser
$Al(OH)_3$	Aluminiumhydroxid	schwer löslich

2.5 Metall- und Nichmetalloxide

Diese Tabellen geben einen Überblick über die wichtigsten Metall- und Nichtmetalloxide. Aus bestimmten Gründen werden manche dieser Stoffe auch mit besonderen Namen (Trivialnamen) bezeichnet. Die Angabe von Wertigkeiten innerhalb der Namen der Metalloxide ist nur erforderlich, wenn verschiedene Oxide des gleichen Metalls auftreten. Entsprechendes gilt auch für die Namen von Hydroxiden und Salzen.

Metalloxide (Auswahl)

Formel	Name	Besondere Namen
Cu_2O	Kupfer(I)-oxid	rotes Kupferoxid
CuO	Kupfer(II)-oxid	schwarzes Kupferoxid
FeO	Eisen(II)-oxid	
Fe_2O_3	Eisen(III)-oxid	Hämatit
Fe_3O_4	Eisen(II, III)-oxid	Magnetit, Magneteisenstein, Hammerschlag
MgO	Magnesiumoxid	Magnesia
MnO_2	Mangan(IV)-oxid (Mangandioxid)	Braunstein
PbO	Blei(II)-oxid	Bleiglätte
PbO_2	Blei(IV)-oxid (Bleidioxid)	
Pb_3O_4	Blei(II, III)-oxid	Mennige
HgO	Quecksilberoxid	
Ag_2O	Silberoxid	
ZnO	Zinkoxid	
CaO	Calciumoxid	gebrannter Kalk
Al_2MgO_4	Dialuminium-magnesium-tetraoxid	gewöhnlicher Spinell
Al_2ZnO_4	Dialuminium-zink-tetraoxid	Zinkspinell

Nichtmetalloxide (Auswahl)

Formel	Name	Besondere Hinweise und andere Namen
H_2O	Wasser	Wasserstoffoxid (Name nicht gebräuchlich!)
CO	Kohlenstoffmonooxid	veraltet: Kohlenmonoxid, Kohlenmonoxyd
CO_2	Kohlenstoffdioxid	veraltet: Kohlendioxid, Kohlendioxyd
NO	Stickstoffmonooxid	
NO_2	Stickstoffdioxid	
N_2O_3	Distickstofftrioxid	
N_2O	Distickstoffmonooxid	Lachgas
N_2O_5	Distickstoffpentaoxid	
NO_x	Stickstoffoxide	veraltet: Stickoxide
SiO_2	Siliciumdioxid	Quarz
P_2O_5	Diphosphorpentaoxid	veraltet: Phosphorpentoxid eigentlich: P_4O_{10} Tetraphosphordecaoxid
SO_2	Schwefeldioxid	
SO_3	Schwefeltrioxid	

2.6 Schwer lösliche Verbindungen

In der folgenden Lerntabelle findest du eine Auswahl von schwer löslichen Verbindungen, von denen einige einen charakteristischen Niederschlag bei bestimmten Nachweisreaktionen ergeben (vgl. Tabelle 2.7).

Stoffklasse	Formel	Name
Bromide	AgBr LiBr	Silberbromid Lithiumbromid
Carbonate	$BaCO_3$ $PbCO_3$ $CaCO_3$	Bariumcarbonat Bleicarbonat Calciumcarbonat

Stoffklasse	Formel	Name
Carbonate	$CuCO_3$	Kupfercarbonat
	$MgCO_3$	Magnesiumcarbonat
	Ag_2CO_3	Silbercarbonat
	$SrCO_3$	Strontiumcarbonat
	$ZnCO_3$	Zinkcarbonat
Chloride	$AgCl$	Silberchlorid
	$PbCl_2$	Blei(II)-chlorid
	Hg_2Cl_2	Quecksilber(I)-chlorid
Fluoride	CaF_2	Calciumfluorid
	MgF_2	Magnesiumfluorid
Hydroxide	$Al(OH)_3$	Aluminiumhydroxid
	$Pb(OH)_2$	Bleihydroxid
	$Fe(OH)_2$	Eisen(II)-hydroxid
	$Fe(OH)_3$	Eisen(III)-hydroxid
	$Mg(OH)_2$	Magnesiumhydroxid
	$Mn(OH)_2$	Manganhydroxid
	$Zn(OH)_2$	Zinkhydroxid
Oxide	Al_2O_3	Aluminiumoxid
	FeO	Eisen(II)-oxid
	Fe_2O_3	Eisen(III)-oxid
	CuO	Kupfer(II)-oxid
	MgO	Magnesiumoxid
	MnO_2	Mangan(IV)-oxid
Phosphate	$AlPO_4$	Aluminiumphosphat
	$Ca_3(PO_4)_2$	Calciumphosphat
Sulfate	$BaSO_4$	Bariumsulfat
	$PbSO_4$	Bleisulfat
	$CaSO_4$	Calciumsulfat
	$SrSO_4$	Strontiumsulfat
Sulfide	PbS	Bleisulfid
	CdS	Cadmiumsulfid
	FeS	Eisen(II)-sulfid
	CuS	Kupfer(II)-sulfid
	Ag_2S	Silbersulfid
	ZnS	Zinksulfid

2.7 Nachweis von Stoffen

Nachweisreaktionen spielen in der analytischen Chemie eine grundlegende Rolle. Die in der Lerntabelle 2.7 aufgelisteten Beispiele sind für den Chemieunterricht bedeutsam.

Nachzuweisende Stoffe bzw. Ionen	**Nachweismethode und Reaktionsgleichung (falls erforderlich)**	**Ergebnis**
Wasser	wasserfreies $CoCl_2$ (blau) wasserfreies $CuSO_4$ (weiß)	Rosafärbung Blaufärbung
Salzsäure und Chloride (auch Bromide u. Iodide)	$AgNO_3$-Lsg. (mit HNO_3 angesäuert):* z. B. $AgNO_3 + NaCl \rightarrow AgCl\downarrow + NaNO_3$	weißer, käsiger Niederschlag
Kohlensäure und Carbonate	Kalkwasser ($Ca(OH)_2$): z. B. $Ca(OH)_2 + H_2CO_3 \rightarrow CaCO_3\downarrow + 2H_20$ Barytwasser ($Ba(OH)_2$):** z. B. $Ba(OH)_2 + Na_2CO_3 \rightarrow BaCO_3\downarrow + 2\,NaOH$	weißer Niederschlag weißer Niederschlag
Schwefelsäure und Sulfate	$BaCl_2$-Lsg. (mit HCl angesäuert):** z. B. $BaCl_2 + Na_2SO_4 \rightarrow BaSO_4\downarrow + 2NaCl$	weißer Niederschlag
Sulfide	Ansäuern, z. B. mit verd. HCl-Lsg.:*** $FeS + 2\,HCl \rightarrow FeCl_2 + H_2S\uparrow$	Bildung eines nach faulen Eiern riechenden Gases (Geruch einer Stinkbombe)
Ag^+	$+Cl^-$	(siehe Nachweis für Chloride)
Cu^{2+}	+ Ammoniak-Lsg. (NH_3)	tiefblaue Verfärbung
Fe^{3+}	+ Kaliumthiocyanat (KSCN): z. B. $FeCl_3 + 3\,KSCN \rightarrow Fe(SCN)_3 + 3KCl$	blutrote Verfärbung
Ca^{2+}	$+ SO_4^{2-}$ (siehe Nachweis für Sulfate)	weißer Niederschlag
Sr^{2+} Ba^{2+}	Unterscheidung durch Flammenfärbung (vgl. Tabelle 4)	Ca: orangerot (ziegelrot), Sr: rot, Ba: grünlich
Li^+ Na^+ K^+	Flammenfärbung (vgl. Tabelle 4)	Li: rot, Na: gelb, K: schwach violett
Säuren u. Laugen	Indikatoren	siehe Tabelle 2.8

** Vorsicht: $AgNO_3$ ist giftig und ätzend.*

*** Vorsicht: Bariumsalzlösungen sind giftig.*

**** Vorsicht: H_2S ist giftig (Abzug verwenden!)*

2.8 Indikatoren (Auswahl)

Name des Indikators	**Farbe** im sauren Bereich	im alkalischen Bereich
Lackmus	rot	blau
Methylrot	rot	gelb
Methylorange	rot	orange
Phenolphthalein	farblos	rotviolett („pink“)
Bromthymolblau	gelb	blau
Thymolphthalein	farblos	blau

2.9 Darstellung von Säuren

Die folgende Lerntabelle zeigt dir, wie man die wichtigsten Säuren herstellen kann.

Name der Säure	**Darstellungsweise**	**Hinweise**
Kohlensäure	$H_2O + CO_2 \rightarrow H_2CO_3$	CO_2 bei möglichst niedriger Temperatur und hohem Druck in Wasser einleiten
Salzsäure	$2\,NaCl + H_2SO_4 \rightarrow Na_2SO_4 + 2\,HCl\uparrow$	Konzentrierte Schwefelsäure wird zu Kochsalz gegeben
	$H_2 + Cl_2 \rightarrow 2\,HCl$	„Chlorknallgasreaktion“, sehr gefährlich

Name der Säure	Darstellungsweise	Hinweise
Schwefelsäure	$H_2O + SO_3 \rightarrow H_2SO_4$ (1)	SO_3 löst sich rel. schlecht in Wasser, aber gut in konzentrierter H_2SO_4. In speziellen Rieseltürmen erfolgt die Umsetzung entsprechend der Reaktionsgleichungen (2) und (3) (Kontaktverfahren) (s. Chemiebuch)
	$H_2SO_4 + SO_3 \rightarrow H_2S_2O_7$ (2) $H_2S_2O_7 + H_2O \rightarrow 2\,H_2SO_4$ (3)	
	Recycling von Abfallschwefelsäure	
schweflige Säure	$H_2O + SO_2 \rightarrow H_2SO_3$	
Phosphorsäure	$6\,H_2O + P_4O_{10} \rightarrow 4\,H_3PO_4$	Wasser vorsichtig zu P_4O_{10} geben (Spritzgefahr!)
Salpetersäure	$4\,NH_3 + 5\,O_2 \rightarrow 6\,H_2O + 4\,NO\uparrow$ $2\,NO + O_2 \rightarrow 2\,NO_2$ $2\,H_2O + 4\,NO_2 + O_2 \rightarrow 4\,HNO_3$	Ostwald-Verfahren (s. Chemiebuch)
	$2\,KNO_3 + H_2SO_4$ $\rightarrow K_2SO_4 + 2\,HNO_3$	Herstellungsweise im Labor (und Unterricht)

Merke dir in diesem Zusammenhang:

Eine Säure besteht grundsätzlich aus dem Säurewasserstoff und aus dem Säurerest.

Säurewasserstoff Säurerest

2.10 Darstellung von Gasen

Bestimmte Gase haben eine besondere Bedeutung für die technische Chemie. Die folgende Tabelle stellt dir eine Auswahl von Gasbildungsreaktionen vor, die du für den Chemieunterricht kennen musst.

Formel des Gases	Reaktion zur Darstellung	Hinweise
H_2	unedles Metall + Säure: z. B. $Zn + 2\,HCl \rightarrow ZnCl_2 + H_2\uparrow$	
	Elektrolyse von Wasser: $2\,H_2O \rightarrow 2\,H_2 + O_2$	Die Reaktion erfolgt im sog. hofmannschen Wasserzersetzungsapparat.
	$H_2O + C \rightarrow CO + H_2$	Kohlevergasung: Wasserdampf wird über glühenden Koks geleitet.
O_2	Elektrolyse von Wasser $2\,H_2O \rightarrow 2\,H_2 + O_2$	Herstellungsweise im Labor (und Unterricht)
	Erhitzen von trockenem Kaliumpermanganat ($KMnO_4$)	
	thermische oder katalytische Zersetzung von Peroxiden: z. B. $BaO_2 \rightarrow BaO + \frac{1}{2}\,O_2$	
	fraktionierte Destillation von flüssiger Luft	Linde-Verfahren (s. Chemiebuch)
CO	$2\,C + \underbrace{O_2 + 4\,N_2}_{\text{„Luft"}} \rightarrow 2\,CO + 4\,N_2$	Luft wird durch glühenden Koks geblasen/Generatorgas.
	$C + H_2O \rightarrow CO + H_2$	Vgl. H_2-Darstellung!
CO_2	$C + O_2 \rightarrow CO_2$	Verbrennen von Koks
	$CaCO_3 + 2\,HCl \rightarrow$ $CaCl_2 + H_2O + CO_2\uparrow$	Herstellungsweise im Labor (und Unterricht)
N_2	fraktionierte Destillation von flüssiger Luft	Linde-Verfahren (s. Chemiebuch)

Formel des Gases	Reaktion zur Darstellung	Hinweise
NH_3	$N_2 + 3\,H_2 \rightarrow 2\,NH_3$	Haber-Bosch-Verfahren Katalysator: $Al_2O_3/K_2O/Fe_3O_4$ oder hochreines Eisen (s. Chemiebuch)
	$NH_4Cl + NaOH \rightarrow NaCl + H_2O + NH_3$	Herstellungsweise im Labor (und Unterricht)
NO	$4\,NH_3 + 5O_2 \rightarrow 6\,H_2O + 4\,NO\uparrow$ $3\,Cu + 8\,HNO_3 \rightarrow 3\,Cu(NO_3)_2 + 4\,H_2O + 2\,NO\uparrow$	vgl. Tabelle 2.9 (Ostwald-Verfahren); Herstellungsweise im Labor (u. Unterricht)
NO_2	$2\,NO + O_2 \rightarrow 2\,NO_2$	vgl. Tabelle 2.9 (Ostwald-Verfahren)
	thermische Zersetzung von Blei(II)-nitraten: $Pb(NO_3)_2 \rightarrow PbO + 2\,NO_2 + \frac{1}{2}O_2$	Herstellungsweise im Labor (und Unterricht)
SO_2	$S + O_2 \rightarrow SO_2$	Flüssiger Schwefel wird durch Düsen in Tröpfchenform in Brennkammern geblasen.
	Rösten von Pyrit: $4\,FeS_2 + 11\,O_2 \rightarrow 2\,Fe_2O_3 + 8\,SO_2\uparrow$	
SO_3	Erhitzen „rauchender" Schwefelsäure	
	Entwässern von Schwefelsäure: $H_2SO_4 \rightarrow H_2O + SO_3\uparrow$	Erwärmung von konzentrierter H_2SO_4 mit P_4O_{10} (vgl. Kap. 1.11)
	$SO_2 + V_2O_5 \rightarrow SO_3 + 2\,VO_2$ $2\,VO_2 + \frac{1}{2}O_2 \rightarrow V_2O_5$	Kontaktverfahren mit V_2O_5 als Katalysator (vgl. Chemiebuch)

Formel des Gases	Reaktion zur Darstellung	Hinweise
SO_3	$SO_2 + \frac{1}{2} O_2 \rightarrow SO_3$	Temperatur über 400 °C
	$SO_2 + 2\ HNO_2 \rightarrow H_2SO_4 + 2\ NO\uparrow$ $2\ NO + \frac{1}{2} O_2 + H_2O \rightarrow 2\ HNO_2$	Bleikammerverfahren mit Stickstoffoxiden als Katalysator (Verfahren wegen Umweltgefährdung heute selten angewandt)
H_2S	$FeS + 2\ HCl \rightarrow FeCl_2 + H_2S\uparrow$	Herstellungsweise im Labor (und Unterricht)
	$S + H_2 \rightarrow H_2S$	Schwefeldampf u. Wasserstoff werden bei 600 °C katalytisch umgesetzt. Katalysator: z. B. MoS_2 oder V_2O_5.
	Gewinnung durch Erdölentschwefelung, aus Heiz- und Kokereigas	(vgl. Chemiebuch)
HCl	Siehe Lerntabelle 2.9!	Chloralkali-Elektrolyse
Cl_2	$2\ NaCl + 2\ H_2O \rightarrow$ $2\ NaOH + H_2\uparrow + Cl_2\uparrow$ $2\ KMnO_4 + 16\ HCl \rightarrow$ $2\ MnCl_2 + 2\ KCl + 8\ H_2O + 5\ Cl_2\uparrow$	(vgl. Chemiebuch) Kaliumpermanganat ($KMnO_4$) oder Braunstein (MnO_2) werden mit konz. HCl versetzt. Vorsicht Abzug! Herstellungsweise im Labor (u. Unterricht)
	Elektrolyse von Salzsäure: $2\ HCl \rightarrow H_2 + Cl_2$	

2.11 Salzbildungsmethoden

Salze können auf verschiedene Weise gebildet werden. Im Folgenden werden die verschiedenen Möglichkeiten aufgezeigt. Du wirst bemerken, dass bei Salzbildungsreaktionen oft zu beobachten ist, dass z. B. ein gasförmiges Endprodukt entweicht (↑), ein schwer löslicher Niederschlag ausfällt (↓) oder Wasser gebildet wird.

Allgemeines Bildungsprinzip	Beispiele
Metall + Säure → Salz + Wasserstoff	$Zn + 2HCl \rightarrow ZnCl_2 + H_2\uparrow$
Metalloxid + Säure → Salz + Wasser	$CuO + H_2SO_4 \rightarrow CuSO_4 + H_2O$
Hydroxid + Säure → Salz + Wasser (Neutralisation)	$NaOH + HCl \rightarrow NaCl + H_2O$
Salz 1 + Säure 1 → Salz 2 + Säure 2	$KNO_3 + H_2SO_4 \rightarrow KHSO_4 + HNO_3$ $Cd(NO_3)_2 + H_2S \rightarrow CdS\downarrow + 2HNO_3$
Salz 1 + Hydroxid 1 → Salz 2 + Hydroxid 2	$NH_4Cl + NaOH \rightarrow NaCl +$ „NH_4OH“ (zerfällt zu H_2O und NH_3)
Salz 1 + Salz 2 → Salz 3 + Salz 4	$Na_2SO_4 + BaCl_2 \rightarrow BaSO_4\downarrow + 2NaCl$ $NaCl + AgNO_3 \rightarrow AgCl\downarrow + NaNO_3$
Metall + Nichtmetall → Salz	$Fe + S \rightarrow FeS$ $2Na + Cl_2 \rightarrow 2NaCl$

Merke dir in diesem Zusammenhang:

Ein Salz besteht grundsätzlich aus einem Metall-Ionen und Nichtmetall-Ionen (vgl. hierzu auch Kap. 2.9).

2.12 Größen und Einheiten (unterrichtsrelevante Auswahl)

Größe	Größensymbol	Einheit	Hinweise
Stoffmengenkonzentration	c	$\frac{mol}{l}$	veralteter Ausdruck: Molarität
Molalität	b	$\frac{mol}{kg}$	
Massenkonzentration	β (Beta)	$\frac{g}{l}$	veraltetes Größensymbol: ρ
Massenanteil	w	%	auf die Summe aller Massen bezogene Masse eines bestimmten Bestandteils eines Gemisches
Volumenanteil	φ (Phi)	%	auf die Summe aller Volumina bezogenes Volumen eines bestimmten Bestandteils vor dem Mischen
molare Ladung	F	$\frac{As}{mol}$	**Faraday**-Konstante $F = 96\,485 \frac{As}{mol}$ As bedeutet: Amperesekunden
molare Teilchenanzahl	N_A	$\frac{1}{mol}$	**Avogadro**-Konstante $N_A = 6{,}022 \cdot 10^{23} \frac{1}{mol}$
Stoffmenge	n	mol	Teilchenanzahl
Zeit(dauer)	t	s	auch andere Einheiten möglich
Frequenz	f	Hz	veraltetes Symbol: ν (Ny) Hz bedeutet: Hertz
Wellenlänge	λ (Lambda)	nm	nm bedeutet: Nanometer $(= 10^{-9}\,m)$
Temperatur	ϑ (Theta)	°C	auch als Größensymbol gebräuchlich: t °C bedeutet: Grad Celsius
	T	K	273 K = 0 °C, K bedeutet: Kelvin

Größe	Größen-symbol	Einheit	Hinweise
Masse	m	g	auch andere sinnvolle Einheiten möglich (z. B. kg, mg usw.)
Dichte	ρ (Rho)	$\frac{g}{cm^3}$	
Energie	E	J	J bedeutet: Joule (sprich: dschul)
Enthalpie	H	J	
Elektrizitäts-menge, Ladung	Q	C	C bedeutet: Coulomb 1 C = 1 As
Elementar-ladung	e	C	
Siede-temperatur	ϑ_b	°C	b von engl. boil = kochen, sieden
Schmelz-temperatur	ϑ_m	°C	m von engl. melt = schmelzen
Druck	P	mbar oder hPa	auch andere sinnvolle Einheiten möglich mbar bedeutet: Millibar hPa bedeutet: Hektopascal $P = p_1 + p_2 + p_3 + ... + p_n$ (p_1 bis p_n: Partialdrücke, vgl. Chemiebuch)

Lösungshinweise zu den Übungsaufgaben

1.1 Temperaturänderungen

1 S. 9

2 S. 9

3 **a)** S. 10 **b)** S. 10 **c)** S. 10

1.2 Stoffgemische und Stofftrennungen

1 **a)** S. 11 **b)** S. 11

2 **a)** S. 12, Tabelle 1 **b)** S. 12

3 **a)** S. 12/13 **b)** S. 13

1.3 Lösungen

1 **a)** S. 15 **b)** S. 15 **c)** S. 15

1.5 Der Strukturbegriff

1 **a)** S. 19 **b)** S. 19

2 **a)** S. 18 **b)** S. 21, Tabelle 3

3 **a)** S. 21 **b)** S. 22/23 **c)** S. 23

4 **a)** S. 24, Tabelle 4 **b)** S. 24–26

1.6 Der Energiebegriff

1 **a)** S. 28 **b)** S. 28 **c)** S. 28

2 **a)** S. 30 **b)** S. 35 **d)** S. 31
e) Reaktionsenergie = Differenz zwischen den Energieniveaus der Ausgangs- und Endstoffe

3 **a)** S. 22/33 **b)** S. 33 **c)** S. 33 **d)** S. 34, Tabelle 5

4 **a)** S. 35

1.7 Teilchenbegriff – Teilchenumgruppierung

1 S. 38

2 **a)** S. 39
b) Der Zucker löst sich in warmem Wasser schneller auf, weil sich die Wassermoleküle in warmem Wasser rascher bewegen und die Zuckermoleküle beim Lösen schneller abtransportieren.
c) S. 39/40, Abb. 8

3 **a)** S. 40, Abb. 9 **b)** S. 41

1.8 Zahlen in der Chemie

1 a) $^{4}_{2}He$ Bei dem Teilchen handelt es sich um ein Heliumatom; dieses besitzt 4 Nukleonen (2 Protonen + 2 Neutronen), angegeben durch die Indexzahl oben links; die Indexzahl unten links steht für die 2 Protonen des Heliumatoms.

b) Al^{3+} Ein Aluminiumion ist dreifach positiv geladen.

c) O_2 Ein O_2-Molekül besteht aus 2 Sauerstoffatomen (vgl. hierzu S. 42 ff.).

2 S. 45

1.9 Chemische Formeln – chemische Bindung

1 a) **1.** ungeladenes Teilchen: $S^{+VI}O_3^{-II}$; $1 \cdot (+VI) + 3 \cdot (-II) = 0$

2. ungeladenes Teilchen: $C^{+II}O^{-II}$; $1 \cdot (+II) + 1 \cdot (-II) = 0$

3. einfach positiv geladenes Teilchen: $(H_3^{+I}O^{-II})^+$; $3 \cdot (+I) + 1 \cdot (-II) = +1$

4. einfach negativ geladenes Teilchen: $(O^{-II}H^{+I})^-$; $1 \cdot (-II) + 1 \cdot (+I) = -1$

5. ungeladenes Teilchen: $H_2^{+I}S^{+VI}O_4^{-II}$; $2 \cdot (+I) + 1 \cdot (+VI) + 4 \cdot (-II) = 0$

6. ungeladenes Teilchen: $H_3^{+I}P^{+V}O_4^{-II}$; $3 \cdot (+I) + 1 \cdot (+V) + 4 \cdot (-II) = 0$

7. zweifach negativ geladenes Teilchen: $S^{-II}\,S^{+VI}\,O_3^{-II}$; $4 \cdot (-II) + 1 \cdot (+VI) = -2$

Hinweis: Dieses Anion (Thiosulfat) entspricht dem Sulfat, es ist darin aber ein O-Atom durch ein S-Atom ersetzt worden. Schwefel tritthier also in zwei Wertigkeitsstufen auf.

8. einfach positiv geladenes Teilchen: $(N^{-III}H_4^{+I})^+$; $1 \cdot (-III) + 4 \cdot (+I) = +1$

9. ungeladenes Teilchen (bildet ein Ionengitter!): $(N^{-III}H_4^{+I})_2$; $C^{+IV}O_3^{-II}$; $2 \cdot (-III) + 8 \cdot (+I) + 1 \cdot (+IV) + 3 \cdot (-II) = 0$

Hinweis: Dieses Beispiel zeigt, dass man Wertigkeiten auch bei nicht molekular aufgebauten Verbindungen bestimmen kann.

10. O_2^0: vgl. S. 50

11. $(Fe^{+III})^{3+}$: Bei einatomigen Ionen entspricht die Wertigkeit der Ionenladung.

2 a) S. 52 b) S. 50

3 a) S. 53 b) S. 54/56 c) S. 54

4 a) S. 55 b) S. 55 c) S. 56

5 a) S. 57 b) S. 57

1.10 Chemische Reaktion – Reaktionsgleichungen

1 a) S. 60 b) S. 60/61 c) S. 60

2 a) S. 61 b) S. 61

3 a) S. 62 b) S. 62/63

1.11 Trocknen – Trockenmittel

1 a) S. 65 b) S. 65

1.12 Quantitative Betrachtungen

Atommasse – Molekülmasse

1 **a)** S. 66 **b)** S. 67

2 **a)** Molekülmasse von CO_2:
$1 \cdot 12$ u (1 C-Atom) + $2 \cdot 16$ u (2 O-Atome) = 44 u
(vgl. S. 67 und Periodensystem der Elemente)
b) Formelmasse von KBr:
$1 \cdot 39$ u (1 K^+-Ion) + $1 \cdot 80$ u (1 Br^--Ion) = 119 u
(vgl. S. 67 und Periodensystem)

Das Mol – (k)ein Problem

1 **a)** S. 69 **b)** S. 69/70

2 **a)** Masse von 1 l Wasser: 1000 g
Masse von 1 H_2O-Molekül: 18 u
1 mol H_2O ≙ 18 g
x ≙ 1000 g

$$x = \frac{1\,\text{mol} \cdot 1000\,\cancel{g}}{18\,\cancel{g}} \approx \underline{\underline{55{,}6\,\text{mol}}}$$

In 1 l Wasser sind $55{,}6 \cdot 6{,}022 \cdot 10^{23} \approx 3{,}35 \cdot 10^{25}$ H_2O-Moleküle enthalten.

b) 1 mol Na^+-Ionen ≙ 23 g
x ≙ 0,125 g (125 mg)

$$x = \frac{1\,\text{mol} \cdot 0{,}125\,\cancel{g}}{23\,\cancel{g}} \approx \underline{\underline{0{,}0054\,\text{mol}}}$$

1 mol Na^+-Ionen ≙ $6{,}022 \cdot 10^{23}$ Na^+-Ionen
0,0054 mol Na^+-Ionen ≙ x

$$x = \frac{6{,}022 \cdot 10^{23} \cdot 0{,}0054\,\cancel{\text{mol}}}{1\,\cancel{\text{mol}}} \approx \underline{\underline{3{,}25 \cdot 10^{21}}}$$

1 l Mineralwasser enthält $3{,}25 \cdot 10^{21}$ Na^+-Ionen

0,75 l Mineralwasser enthalten $3{,}25 \cdot 10^{21} \cdot 0{,}75$
≙ $2{,}44 \cdot 10^{21}$ Na^+-Ionen
= 2 440 000 000 000 000 000 000 Na^+-Ionen
zum Vergleich: Eine hundertjährige Buche hat rd. 200 000 Blätter.

Massengesetze

1 **a)** S. 73

z. B. Fe + S → FeS
(56 u) (32 u) (88 u)

56 g Eisen reagieren mit 32 g Schwefel zu 88 g Eisensulfid

88 g Fe/S-Gemisch

(vgl. hierzu auch S. 69/70)

b) S. 74 **c)** S. 74

2 Die Masse des Lämpchens bleibt unverändert, denn beim Blitzen findet im Lämpchen keine chemische Reaktion statt.

3 Formeln: Eisen(II)-oxid: FeO
Eisen(III)-oxid: Fe_2O_3
FeO: Fe_2O_3: FeO muss mit 3 multipliziert werden, damit die gleiche Masse an Sauerstoff wie in Fe_2O_3 vorliegt.

Das Verhältnis der „Eisenmassen“ beträgt dann:
3 FeO : Fe_2O_3 = $\underline{\underline{3 : 2}}$

1.13 Wichtige Element- und Stoffklassen

1 S. 76

Beispiele für Metalle können sein: Natrium, Eisen, Aluminium, Magnesium, Zink, Kupfer, Nickel, Gold usw.
Beispiele für Nichtmetalle können sein: Wasserstoff, Kohlenstoff, Stickstoff, Phosphor, Sauerstoff, Schwefel, Helium usw.

2 S. 76/77

1.14 Das Periodensystem

1 S. 78/79

Periodensyste

Element
Elementname
Atommasse
Oxidationsstufen

Nicht-metalle	Metalle (Neben-gruppen)	Metalle (Haupt-gruppen)	Halb-metall

Perioden	Hauptgruppen		Nebengruppen					
	I A	II A	III B	IV B	V B	VI B	VII B	VIII
1	1 **H** Wasser- stoff 1,0079 +1,–1							
2	3 **Li** Lithium 6,94 +1	4 **Be** Beryllium 9,0122 +2						
3	11 **Na** Natrium 22,9898 +1	12 **Mg** Magne- sium 24,3050 +2						
4	19 **K** Kalium 39,0983 +1	20 **Ca** Calcium 40,078 +2	21 **Sc** Scandium 44,9559 +3	22 **Ti** Titan 47,88 +2, +3, +4	23 **V** Vanadium 50,9415 +2, +3, +4, +5	24 **Cr** Chrom 51,9961 +2, +3, +6	25 **Mn** Mangan 54,9381 +2, +3, +4, +7	26 **Fe** Eisen 55,845 +2, +3	27 **C** Coba 58,93 +2, +
5	37 **Rb** Rubidium 85,4678 +1	38 **Sr** Strontium 87,62 +2	39 **Y** Yttrium 88,9059 +3	40 **Zr** Zirkonium 91,224 +4	41 **Nb** Niob 92,9064 +3, +5	42 **Mo** Molybdän 95,94 +6	43 **Tc** Techne- tium 97,9163 +4, +6, +7	44 **Ru** Ruthe- nium 101,07 +3	45 **R** Rhodi 102,90 +3
6	55 **Cs** Cäsium 132,9054 +1	56 **Ba** Barium 137,327 +2		72 **Hf** Hafnium 178,49 +4	73 **Ta** Tantal 180,947 +5	74 **W** Wolfram 183,84 +6	75 **Re** Rhenium 186,207 +4, +6, +7	76 **Os** Osmium 190,23 +3, +4	77 **I** Iridiu 192,2 +3, +
7	87 **Fr** Francium 223,0197 +1	88 **Ra** Radium 226,0254 +2		104 **Rf** Ruther- fordium 261,1087 +4	105 **Db** Dubnium 262,1138	106 **Sg** Sea- borgium 263,1182	107 **Bh** Bohrium 262,1229	108 **Hs** Hassium (265)	109 **M** Meitn rium (266
		Lantha- noide	57 **La** Lanthan 138,9055 +3	58 **Ce** Cer 140,115 +3, +4	59 **Pr** Praseo- dym 140,9077 +3	60 **Nd** Neodym 144,24 +3	61 **Pm** Prome- thium 146,9151 +3	62 **Sm** Samarium 150,36 +2, +3	63 **E** Europi 151,9 +2, +
		Actinoide	89 **Ac** Actinium 227,0278 +3	90 **Th** Thorium 232,0381 +4	91 **Pa** Protac- tinium 232,1036 +4, +5	92 **U** Uran 238,0289 +3, +4, +5, +6	93 **Np** Neptu- nium 237,0482 +3, +4, +5, +6	94 **Pu** Plutonium 244,0642 +3, +4, +5, +6	95 **A** Amer cium 243,06 +3, + +5, +

…r Elemente

…lgase

Aggregatzustand unter Normalbedingungen: **C** fest, **Br** flüssig, **O** gasförmig

			Hauptgruppen					
	I B	II B	III A	IV A	V A	VI A	VII A	VIII A
								2 **He** Helium 4,0026 0
			5 **B** Bor 10,811 +3	6 **C** Kohlenstoff 12,011 −4, −2, +4	7 **N** Stickstoff 14,0067 −3, … , +5	8 **O** Sauerstoff 15,9994 −2	9 **F** Fluor 18,9984 −1	10 **Ne** Neon 20,1797 0
			13 **Al** Aluminium 26,9815 +3	14 **Si** Silicium 28,0855 −4,+4,+2	15 **P** Phosphor 30,9738 −3,+3,+5	16 **S** Schwefel 32,066 −2,+4,+6	17 **Cl** Chlor 35,457 −1, +1, +5, +7	18 **Ar** Argon 39,948 0
8 **Ni** lickel ,6934 2,+3	29 **Cu** Kupfer 63,546 +1, +2	30 **Zn** Zink 65,39 +2	31 **Ga** Gallium 69,723 +3	32 **Ge** Germanium 72,61 +2, +4	33 **As** Arsen 74,9216 −3, +3, +5	34 **Se** Selen 78,96 −2, +4, +6	35 **Br** Brom 79,904 −1, +1, +5	36 **Kr** Krypton 83,80 0
6 **Pd** adium 06,42 2,+4	47 **Ag** Silber 107,8682 +1	48 **Cd** Cadmium 112,411 +2	49 **In** Indium 114,818 +3	50 **Sn** Zinn 118,71 +2,+4	51 **Sb** Antimon 121,760 −3, +3, +5	52 **Te** Tellur 127,60 −2, +4, +6	53 **I** Iod 126,9045 −1, +1, +5, +7	54 **Xe** Xenon 131,29 0
8 **Pt** latin 95,08 2, +4	79 **Au** Gold 196,9665 +1, +3	80 **Hg** Quecksilber 200,59 +1, +2	81 **Tl** Thallium 204,3833 +1, +3	82 **Pb** Blei 207,2 +2, +4	83 **Bi** Bismut 208,9804 +3, +5	84 **Po** Polonium 209 +2, +4	85 **At** Astat 210 −1, +1, +5, +7	86 **Rn** Radon 222,0176 0
0 **Ds** arm- adtium 271)	111 **Rg** Roentgenium (272)	112 **Uub** Ununbium (277)		114 **Uuq** Ununquadium (285)		116 **Uuh** Ununhexium (292)		

4 **Gd** adolinium 57,25 +3	65 **Tb** Terbium 158,9253 +3	66 **Dy** Dysprosium 162,50 +3	67 **Ho** Holmium 164,9303 +3	68 **Er** Erbium 167,26 +3	69 **Tm** Thulium 168,9342 +3	70 **Yb** Ytterbium 173,04 +2, +3	71 **Lu** Lutetium 174,967 +3	
6 **Cm** urium 7,0703 +3	97 **Bk** Berkelium 247,0703 +3, +4	98 **Cf** Californium 251,0796 +3	99 **Es** Einsteinium 252,0829 +3	100 **Fm** Fermium 257,0951 +3	101 **Md** Mendelevium 258,0986 +2, +3	102 **No** Nobelium 259,1009 +2, +3	103 **Lr** Lawrencium 260,1053 +3	